# 아이에게 읽기를
# 가르치는 방법

# How to Teach Your
# Baby to Read

# 아이에게 읽기를
# 가르치는 방법

글렌 도만, 재닛 도만 지음
이주혜 옮김

초판 출간 이후 전 세계 아이들을 변화시킨 불후의 고전

카시오페아
Cassiopeia

## 이 책을 읽은 부모들이 보낸 찬사

《아이에게 읽기를 가르치는 방법》에 진심으로 감사합니다. 덕분에 25개월 된 딸아이가 행복하게 열정적으로 읽기를 배우고 있습니다. 제가 키우고 있는 이 아이가 얼마나 경이로운 존재인지를 깨달았기 때문에 이제 읽기를 가르치는 것만으로 끝내지는 않을 생각입니다. 저 같은 사람도 아이의 좋은 엄마이자 교사이자 동료이자 친구가 될 수 있도록 도와주신 선생님께 신의 은총이 내리기를 기원합니다.
PS. 남편이 집 안 어디선가 들려오는 떠들썩한 박수 소리의 정체를 찾아 방에서 나왔을 때 제가 단어 게임을 그만 끝내려고 하자 아이는 큰 소리로 "단어 더!"라고 외치더군요. 그 순간 제대로 하고 있다는 사실을 깨달았답니다. 진정한 기쁨과 행복을 느끼며 하루하루 배워 나가고 있습니다!

_텍사스주, 애빌린에서

2세 반이 된 제 딸은 선생님이 책에 설명한 방법으로 읽기를 아주 기쁘게 배우고 있습니다. 남편과 저 역시 당연히 기쁘고 행복합니다. 선생님의 방식은 제가 알고 있는 아동기 '교육'에서 가장 의미 있는 진보가 아닐까 싶습니다. 부모로서 바로 그 점을 가르쳐 준 선생님을 몹시 존경합니다.

_애리조나주, 메사에서

6세와 19개월 두 아이의 부모입니다. 막내는 선생님의 방법대로 가르치고 있는데 정말 효과가 놀랍습니다. 감사합니다. 이미 많이 들어 보셨겠지만 주위에서 선생님의 방법을 시도해 본 사람은 누구나 칭찬을 하지 않을 수가 없을 정도랍니다. 선생님은 제 친구들 모임에서 가장 사랑받는 분이랍니다.

_인도, 마하라슈트라에서

읽기에 굶주려 있는 4세 남자아이의 엄마입니다. 아이는 첫날 단어 10개를 배웠는데 계속하고 싶다며 잠을 자려 하지 않았답니다. 다음날 새벽 6시에 일어나 또 하자고 조를 정도였어요. 엄마로서 가장 행복한 발견이었습니다. 현재 1학년, 3학년, 4학년인 위의 세 아이와도 이 훈련을 해 나갔더라면 얼마나 좋았을까 아쉬울 뿐입니다.

_애리조나주, 세인트존스에서

이제 막 《아이에게 읽기를 가르치는 방법》을 다 읽고 7개월 된 딸아이에게 읽기를 가르치기 시작했습니다. 생각만 해도 가슴이 뛰고 기대가 됩니다. 저는 이 일이 아이에게 줄 수 있는 최고의 생일 선물이 될 거라고 믿습니다.

_매사추세츠주, 로웰에서

6개월 전의 저에게 누군가 2세인 제 아이가 3세 무렵에는 글을 읽게 될 거라고 말했다면 아마 '불가능한 일이야'라고 대꾸했을 거예요. 당신은 불가능을 가능케 했어요.

_루이지애나주, 뉴올리언스에서

혁신적인 책 《아이에게 읽기를 가르치는 방법》에 대해 깊은 감사를 드립니다. 책을 읽고 나서 제 조카에게 한번 읽기를 가르쳐 봐야겠다는 생각이 들었어요. 조카는 2세 3개월인데, 이제 50개가 넘는 단어를 읽을 수 있답니다. 그중에는 다소 어려운 단어도 포함되어 있어요. 아이의 부모가 읽기를 가르치기 시작한 지 몇 달 되지도 않았는데 말이지요. 특히 아이가 영어가 모국어가 아닌 필리핀에서 나고 자란 점을 생각하면 대단히 의미 있는 일이라고 저희 모두 믿고 있답니다.

_캘리포니아주, 웨스트코비나에서

약 1년 전에, 당시 2세였던 딸아이가 대략 60개의 단어를 읽을 수 있게 되었다는 소식을 전해 드리려고 선생님께 편지를 쓴 적이 있습니다. 그로부터 1년이 더 흘렀고 아이는 이제 아주 능숙하게 책을 읽는답니다. 어떤 책이든 내용을 이해하며

이 책을 읽은 부모들이 보낸 찬사

읽고 있습니다. 《아이에게 읽기를 가르치는 방법》이라는 책을 써 주셔서 정말 감사합니다. 어린아이에게 배움이 얼마나 즐거운 경험인지를 더 많은 부모가 깨달았으면 좋겠네요. 딸아이는 4살이나 많은 언니, 오빠들보다 훨씬 더 잘 읽고 있어요. 아이는 언제나 '학교 놀이'를 하자고 조릅니다. 아이들은 정말이지 배우는 것을 좋아하더군요.

**_루이지애나주, 커빙턴에서**

처음 《아이에게 읽기를 가르치는 방법》을 읽었을 때 아들은 14개월이었습니다. 우리는 천천히 읽기를 시작했고 모든 자료를 함께 준비했습니다. 그런데 아들이 18개월이 되자 분명하게 말을 하기 시작했고 결국 저는 아이가 그동안 배운 것을 모두 기억하고 있다는 걸 깨달았습니다. 정말 대단한 일이지요! 저희는 이 모든 일에 무척 신이 나 있답니다. 우리의 시야를 열어 주셔서 감사합니다.

**_버지니아주, 폴스처치에서**

손녀딸이 2세였을 때 선생님의 방법론을 시작했고 3세가 되었을 때 〈리더스 다이제스트Reader's Digest〉를 읽을 수 있게 되었습니다. 현재 아이는 16세가 되었고 우수한 성적으로 로스앤젤레스에서 학교를 다니고 있습니다. 모든 젊은 엄마들에게 선생님의 책을 추천합니다.

**_캘리포니아주, 에스콘디도에서**

선생님의 《아이에게 읽기를 가르치는 방법》을 읽고 35개월 딸아이와 읽기 훈련을 시작했는데, 완전히 만족하고 있습니다. 겨우 4일 전에 가르치기 시작했는데 아이는 경이로운 속도로 단어를 받아들이고 있습니다! 물론 제 딸이니까 잘하는 것처럼 보일 수도 있겠지만요. 정말 대단한 책이에요!

**_유타주, 오럼에서**

쌍둥이 아들들이 2세일 때 선생님의 프로그램을 시작했습니다. 현재 아이들은 13세가 되었고 학급의 우등생입니다. 아이들은 학교의 '영재반'에 들어갔습니다.

3세에 유창하게 읽을 수 있었고 내용도 이해할 수 있었으며 4세에는 쓰기도 할 수 있었습니다. 아이들을 키우면서 가장 보람 있었던 순간들이랍니다.

_캐나다, 브리티시컬럼비아주 메이플리지에서

딸아이가 돌 무렵일 때 선생님의 연구소에서 진행하는 프로그램을 알게 되었습니다. 저는 지적장애아가 글을 읽고, 점의 개수를 이해하는 모습을 목격했습니다. 당시 본 기법을 제 아이에게도 사용해 보았고, 결국 아이는 2세에 단어를 읽었으며 3세에 문장을 읽었고 4세에 책 전체를 읽게 되었습니다.

_펜실베이니아주, 이스트스트라우즈버그에서

아이들에게 경이로운 세상을 열어 주셔서 정말로 감사합니다. 아들이 3세일 때 《아이에게 읽기를 가르치는 방법》을 읽었습니다. 의심스러웠지만 책에서 설명하는 대로 읽기 훈련을 시작했지요. 그리고 6개월 뒤 아들은 엄청난 양의 단어를 읽게 되었습니다. 더욱 놀라웠던 점은 1세 반이었던 딸아이도 제 오빠와 함께 배워 나갔다는 사실입니다. 아이가 어느 날 갑자기 단어 카드를 집어 들더니 하나하나씩 모두 읽어 내려가는 거예요. 5년이 지난 지금도 아이들은 잘해 나가고 있답니다. 학교를 무척 좋아하고 배우는 걸 좋아하지요. 이제 7세가 되어 가는 딸아이는 짧은 이야기책을 여러 권 읽고 있을 뿐만 아니라 직접 두 권의 책을 쓰기도 했어요. 다시 한번 깊은 감사를 드립니다.

_오리건주, 뉴버그에서

매우 놀라운 경험을 전해 드리고 싶어 이렇게 편지를 씁니다. 아이가 26개월이었던 지난 2월 처음 읽기 훈련을 시작했습니다. 3월이 되자 아이는 벌써 《엄마 안녕 Good-Bye Mommy》이라는 책을 읽게 되었습니다. 이제 34개월이 넘은 아이는 눈에 띄는 거라면 뭐든 다 읽습니다. 제가 10년 동안 가르쳤던 5학년 아이들의 어휘도 잘 읽을 수 있어요.

_네브래스카주, 오마하에서

이 책을 읽은 부모들이 보낸 찬사

《아이에게 읽기를 가르치는 방법》을 통해 첫아들에게 아주 어렸을 때부터 읽기를 성공적으로 가르칠 수 있었습니다. 지난 5월, 1학년이 된 아들이 학급에서 처음으로 시험을 치렀습니다. 아이는 4학년 수준의 독해력으로 1등을 했지요. 처음 선생님의 책을 읽었을 때만 해도 다들 농담으로 생각했습니다. 당시 19개월이었던 아들에게 선생님의 방법대로 읽기를 가르치려고 하자 식구들은 진심으로 웃었습니다. 하지만 2세 반이 된 아이가 책을 술술 읽자 다들 웃음을 그쳤지요. 문제점을 느낀 유일한 순간은 외출했을 때랍니다. 패스트푸드점 메뉴판을 읽을 수 있게 된 아이가 자꾸만 읽기 삼매경에 빠지는 바람에 발걸음을 멈춰야 했으니까요!

_오하이오주, 피케톤에서

8년 전 우연히 선생님의 책 《아이에게 읽기를 가르치는 방법》을 보고 당시 3세였던 딸아이에게 이 방법론을 써 보기로 결심했습니다. 다소 어설펐지만 결과는 완전히 성공적이었습니다. 딸아이는 그 후 폭풍 같은 기세로 읽고 있으니까요. 둘째 딸이 태어나자 이번에는 처음부터 끝까지 제대로 한번 해 보리라 결심했습니다. 그러나 의도만 좋고 시간이 없었기에 둘째는 제 언니보다 훨씬 더 짧은 시간 동안 읽기를 배웠습니다. 그러나 다시 한 번 효과를 보았고 둘째는 제 언니와 마찬가지로 또래보다 훨씬 더 빨리 잘 읽고 있습니다. 막내아들이 태어났을 때도 완전히 확신을 품었습니다. 현재 4세가 된 아들의 능력을 목격한 사람들은 모두 놀라움을 금치 못합니다. 세 아이 모두 엄청나게 흡족한 경험을 했습니다. 아이들과 함께했던 순간은 결코 잊지 못할 보석 같은 시간입니다. 감사합니다.

_캘리포니아주, 페탈루마에서

3년 전, 아버지가 저에게 《아이에게 읽기를 가르치는 방법》을 사 주신 후로 생활이 바뀌었답니다. 제 아들은 읽기를 무척 좋아합니다. 금요일마다 쇼핑을 나가면 아이는 자연스럽게 도서관으로 가 혼자서 책을 읽고 그사이 저는 편안하게 마트를 돌아다니며 다른 엄마들이 아이를 질질 끌고 다니는 모습을 안쓰럽게 바라보게 됩니다. 이번 주 아이가 읽은 책에는 '격노', '대체 불가능한', '소지품' 등의 단어가 나오는데 아이는 전혀 어려워하지 않고 잘 읽어 냈답니다.

_영국, 에식스주, 벤플리트에서

제 아들 제이슨을 홀로 키워야 했던 저는 2년간 수녀님들과 함께 살며 아이 양육에 도움을 받았습니다. 수녀님들은 낮 동안 6~8명의 아이를 돌봐야 했습니다. 그분들도 《아이에게 읽기를 가르치는 방법》을 가지고 있었습니다. 수녀님들은 아이들을 의자에 나란히 앉혀 놓고 직접 만든 카드를 하루에 4~5번씩 짧게 보여 주었습니다. 아이들은 이 시간을 무척 좋아했고 모두 읽는 법을 배웠습니다. 물론 제 아들 제이슨도 포함해서요. 이제 아이는 25세가 되었고 한 아이의 자랑스러운 아버지가 되었습니다. 제이슨은 당시 수녀님들이 사용했던 것과 같은 단어 카드를 구해 달라고 합니다. 이 기회를 빌려 아이에게 읽는 법을 가르치는 일의 중요성을 알려 주신 선생님의 노고에 다시 한번 감사드립니다.

**_캐나다, 브리티시컬럼비아주에서**

선생님의 강좌를 들은 적이 있는데, 매 순간이 좋았습니다. 모두 수백만 달러의 가치가 있는 이야기들이었습니다. 아이들이 태어난 후 저는 언제나 제 아이들이 주변 사람에게 잘하고 무언가에 기여할 수 있는 바른 사람으로 크길 바란다고 말했습니다. 아들들은 대학을 마치지 않기로 결심했습니다. 둘 다 우등생이었지만 학업을 계속해 나가기를 원하지는 않았습니다. 그러나 다들 바른 어른으로 커 주었지요. 한 아들은 사교성의 천재랍니다! 누구하고든 아무 말이나 잘할 수 있지요. 항상 상대방을 편안하게 해 주고 환대합니다. 이런 아이는 본 적이 없어요. 녀석을 아는 사람은 누구나 이제 겨우 21세인 아이를 몹시 특별한 젊은이라고 말해 준답니다. 큰아들은 얼마 전 저를 할머니로 만들어 주었습니다. 소중한 손녀딸을 위해 창고에서 예전에 썼던 자료를 꺼냈습니다. 며느리는 아들을 아름다운 사람으로 키워 줬다며 늘 제게 고마워합니다. 아들 같은 사람을 한 번도 본 적이 없다고 해요. 제가 목표를 성취할 수 있었던 것은 모두 선생님 덕분입니다. 아들들은 노벨상을 타지도 않았고 로켓과학자가 되지도 않았으며 경제적으로 큰 성공을 거두지도 않았지만 모두 점잖고 바르고 책임감 있으며 사랑이 넘치고 베풀 줄 아는 사람으로 자라 주변 사람들에게 도움이 되고 있습니다. 선생님 역시 따뜻한 마음과 부드러운 감성을 지닌 분일 거라고 생각합니다. 연구소에서 배웠던 것들이 제 삶을 바꾸어 주었어요. 평생 고마운 마음 잊지 못할 겁니다.

**_캘리포니아주, 데저트핫스프링스에서**

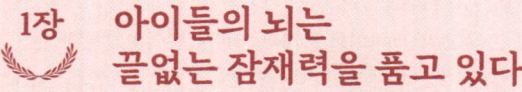

# 1장    아이들의 뇌는 끝없는 잠재력을 품고 있다

## 2장 배움에 대한 선입견을 버려라

## 3장 생애 첫 6년은 결정적 시기다

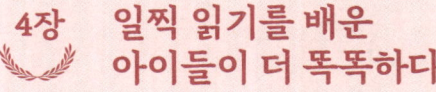

## 4장  일찍 읽기를 배운
## 아이들이 더 똑똑하다

## 5장  아이에게 읽기를 가르치는
## 5가지 방법

## 6장 연령에 따른 맞춤형 읽기 지침

# 2026년, 한국의 부모들에게
# 다시 보내는 편지

이 책은 가히 기적과 같다.

우리 아버지는 뇌손상 아동들을 치료하기 위해 인간잠재력개발연구소 산하에 전담팀을 만들었다. 팀을 구성할 때만 해도, 중증 뇌손상 아동들을 연구함으로써 모든 아동을 이해하고 가르칠 더 나은 방법을 발견하게 되리라고는 그 누구도 상상치 못했다. 1963년에 우리와 함께 읽기를 배운 3~5세 뇌손상 아동은 수백 명에 이르렀다. 학습을 일찍 시작할수록 습득 속도도 빨랐고 학습 능력도 뛰어났다. 괄목할 만한 성과였다. 더욱 놀라운 점은 이 어린아이들이 읽기를 좋아했다는 것이다. 읽기는 금세 그들이 제일 좋아하는 일이 되었다. 엄마들의 불만은 단 하나였다. 아이들이 워낙 빨리 배우는 탓에, 아이들의 학습 속도에 맞춰 읽기용 자료를 만들기가 힘들다는 것이었다.

반면, 그 당시 연구소 주변의 여러 공립학교에서는 읽기 학습에 실패한 1학년 학생의 비율이 무려 35퍼센트에 달했다. 비극적이게도, 오늘날에는 이 수치가 훨씬 더 높아졌다. 학교에서 성공하고 발전하는 데 필요한 가장 중요한 능력이 읽기 능력이라는 점은 1963년이나 지금이나 매한가지인데도 말이다.

우리 아버지는 이런 실정을 접하자 우려를 금하지 못했다. 아버지 본인은 취학 전에 읽기를 배운 덕에, 1학년의 나이에도 도서관에서 5학년 수준의 책을 읽곤 했기 때문이다. 아버지는 어떻게 그럴 수 있었을까? 이유는 단순했다. 할머니가 아버지에게 읽기를 가르쳤기 때문이다.

100여 년 전만 해도 가정에서 어머니가 자녀에게 읽기를 가르치는 광경은 자연스러웠다. 다만 오늘날의 우리가 잊고 있는 것뿐이다.

아버지의 경우뿐만 아니라, 연구가 진행됨에 따라 실제로 아이에게 읽기를 가르칠 수 있다는 사실이 분명해졌다. 아이들은 그 누구보다도 빠르게 잘 배웠다. 어느 날, 우리는 아버지에게 잠시 자리를 떠나 책을 집필해 달라고 말했다. 우리가 발견한 이 진리를 세상 모든 어머니에게 알리기 위해, 세상 모든 아이가 그들의 타고난 권리인 '읽을 권리'를 누릴 수 있게 하기 위해서였다.

처음 아버지는 책 집필에 수개월이 걸릴 것이라고 했지만, 그렇게 오랫동안 자리를 비울 수는 없었다. 우리는 아버지에게 2주의 시간을 주었다. 약 2주 후, 아버지는 이 책의 초고를 들고 돌아왔다. 나머지 이야기는 책에서 이야기하는 대로다. 이 책은 우리가 자녀에게 너무 늦은 시기에, 너무 적은 양을 가르치고 있다는 아주 단순한 메시지를 전한다. 아이의 뇌가 성장하고 발달하는 속도가 느려지고 나서야 부모는 아이를 가르치기 시작한다.

새로운 아이디어가 소개된 뒤 오랜 시간이 지나면, 불가피하게도 그 아이디어는 모방과 변질을 거치게 된다. 급기야 원래의 내용이 거의 남아 있지 않을 정도가 된다. 애석하지만 자주 일어나는 일이다. 때로 사람들은 우리의 성과물을 가리켜 '글렌 도만 교육법' 또는 '글렌 도만식 교육법'이라고 부른다. 하지만 아버지는 이런 호칭을 들으면 질색했다. 무엇보다도, 그런 교육법은 존재하지 않았기 때문이다.

우리의 연구 결과는 아이의 뇌 성장 그리고 아이에 대한 친절과 존중을 바탕으로 하는 일종의 교육 철학이다. 부디 부모들이 이 사실을 깨닫기를 바란다. 그리하여 뇌 성장과 발달 원리에 적합한, 무엇보다도 유일하고 소중한 내 아이의 세계를 아우르는 자기만의 교육법을 개발하기를 바란다. 우리의 교육 철학은 '부모가 자신의 뜻을 아이에게 강요하는 것'이 아니라, '아이가 자신의 길을 찾을 수 있도록 부모가 창의력을 발휘하는 것'에 그 본질이 있다. 이 점을 꼭 알아 주었으면 한다. 아이가 필요로 하는 것, 원하는 것을 찾아 제공하는 부모가 되기를 바란다.

이 책을 처음 출판한 랜덤하우스의 담당 편집자 밥 루미스는, 이 책이 그들이 출판한 가장 중요한 책이라고 했다. 입소문은 빨리 퍼져 영국에서 특별판이 출판되었고, 뒤이어 스페인, 이탈리아, 일본에도 소개되었다. 이 책은 24개 언어로 번역되었으며, 초판 이래로 절판된 적 없이 꾸준히 전 세계에서 출간되고 있다. 우리의 메시지가 한국의 부모들에게도 큰 도움이 되기를 바란다.

학교에서 읽기를 배우는 데 실패한 아이들도 가정에서 어머니와 함께라면 쉽게 글을 깨쳤다. 학교에서는 글을 읽지 못하는 아이를 게으르고, 비정상적인 멍청이로 취급하는 일이 비일비재하지만 사실은 그렇지 않다. 일찍 읽기를 배운 수많은 아이들은 학교에서 탁월성을 발휘하며 학습에서 진정한 즐거움을 발견한다. 읽기를 통해 지식을 습득하기가 무척이나 쉬워지고, 보람을 느낄 수 있기 때문이다. 이런 아이들은 자신의 꿈을 계속해서 추구하며 성취를 이룰 수 있다. 그리하여 자신이 속한 세상에 공헌하는 어른이 된다.

《아이에게 읽기를 가르치는 방법》의 수혜를 입은 수많은 아이가 이제 어른이 되어 자신의 자녀와 손주에게 읽기를 가르치고 있다. 하나의 기적이 이제는 수많은 기적이 되었다. 이 책의 메시지에 공감한다면, 아마 여러분도 이런 기적의 무리에 속하는 일원이 되고 싶을 것이다.

부디 그렇게 되기를 바란다.

2025년 9월

재닛 로만

# 2006년, 부모들에게 보내는 편지

꿈을 꾼다고 손해 볼 일은 없다.

40년 전, 인간잠재력개발연구소의 우리는 이 세상이 지적으로나 신체적으로나 사회적으로나 우수한 아이들로 가득 차기를 꿈꾸었다. 당시 우리는 모든 아이가 생각보다 훨씬 뛰어난 잠재력과 능력을 지니고 있다는 사실을 알고 있었다. 우리가 먼저 영리해져 아이들을 적절하게 가르칠 수만 있다면 아주 어린 아이들도 무엇이든 배울 수 있다고 확신했다.

탁월한 아이들이 나타나기를 바라며 천 번의 행복한 우연을 기다릴 필요 없이, 우리가 뚜렷한 목적을 품고 아이들을 키워 낼 수 있다고 생각했다. 뇌가 어떻게 성장하는지, 왜 성장하는지를 안다면 부모들이 앞장서서 그 길에 나서게 될 거라고 믿었다.

부모들은 가정에서 자녀와 함께 시간을 보내고 무언가를 가르치는 특권을 누리기 위해 새 자동차를 구입하고, 더 나은 휴가를 보내고, 안락하고 경제적으로 안정된 삶을 보내기 위해 노력해 왔다. 이 세상 누구보다 자녀와 함께하는 삶을 택하는 게 바로 엄마 아빠의 특징이었다.

이제 지난 40년을 돌이켜 보고 우리가 진정 어떤 길을 걸어왔는지를 물어볼 시간이 되었다. 우리 아이들은 어떠한가? 우리가 소망한 만큼 훌륭하게 자라 주었나? 아이들은 지금 어디를 향해 나아가고 있는가? 이들은 더 나은 세상을 향한 변화를 주도할 것인가? 이들은 커서 어떤 부모가 될까?

이 질문들에 대한 대답의 일부가 이 책에 실려 있다.

아이들은 우리가 소망한 만큼 훌륭하게 자라 주었나? 이에 대한 대답은 '아니요'다. 아이들은 우리의 소망보다 훨씬, 훨씬 더 훌륭하게 자랐다. 이들은 곳곳에서 수많은 일을 해 나가고 있고 그 모든 일을 아주 잘 해내고 있다.

부모들이 보내온 편지를 읽어 보면 이 아이들이 자라 요즘 젊은이들 사이에서 신기할 정도로 편안하고 자신 있게 각자의 삶을 헤쳐 나가고 있다는 인상을 받게 된다. 제대로 본 것이다. 많은 부모가 자녀와 함께하며, 직접 읽기를 가르치고, 매일 아이가 성장하는 모습을 지켜보는 즐거움을 삶에서 겪은 가장 위대한 경험이라고 말한다.

아주 어린 아이에게 커다란 사랑과 관심을 쏟으며 읽기를 가르치면 아이는 원래 타고난 것보다 훨씬 더 사랑스럽고 예민하고 영리하며 능력 있는 사람으로 자라게 될까? 대답은 '예'다.

40년 전 이 책이 처음 출판되었을 때부터 아이에게 읽기를 가르쳐 온 모든 엄마 아빠들에게 찬사를 보낸다. 모두 굉장한 일을 해냈다. 이제 앞으로 40년은 사랑이 가득했던 노력의 결실을 즐길 시간이다. 예전에 썼던 단어 카드는 손자, 손녀를 위해 고이 보관해 두길 바란다.

아이들에게도 찬사를 보낸다. 모두 자랑스럽다. 이제 그대들이 이 세상을 바로잡아 주길 바란다. 지금 이 세상은 그대들을 몹시도 간절히 기다리고 있다.

이제 앞으로 40년 동안에는 어떤 일이 벌어질까?

이제 또 다른 꿈을 꿔 보자.

# How to Teach Your Baby to Read

# 1장

# 아이들의 뇌는
# 끝없는 잠재력을 품고 있다

제가 뭐랬어요?
우리 아이는 읽을 수 있다니까요.

- 런스키 씨

# 인간의 뇌는
# 끊임없이 변화한다

✳

인간의 뇌는 머리의 한가운데를 앞뒤로 가로지르는 선에 의해 좌뇌와 우뇌로 나뉜다. 건강한 인간의 우뇌는 신체의 왼편을 관장하고 좌뇌는 신체의 오른편을 관장한다. 만약 뇌의 어느 한쪽이 심각한 손상을 입는다면 그 결과는 말 그대로 재앙이다. 반대쪽 신체가 마비되고 모든 기능에 심각한 제한이 따른다. 특히 뇌가 손상된 아이들은 어떠한 약물 치료에도 반응하지 않는 지속적이고 심각한 발작을 일으켰으며 조기 사망에 이르는 경우가 허다했다. 당시에는 이런 이야기가 당연하게 여겨졌다.

"뇌세포가 죽으면 뇌가 죽은 것이고, 뇌가 죽어 버린 아동을 위해서는 아무런 일도, 어떠한 치료도 시도할 수 없다."

그러나 1955년 우리 팀의 신경외과 구성원들은 위와 같은 아동들을 대상으로 거의 믿을 수 없을 정도의 놀라운 수술을 시행했다. 바로 대뇌반구절제술hemispherectomy이다. 대뇌반구절제술이란 말 그대로 인간의 뇌 절반을 외과 수술로 제거하는 것이다.

아이들 뇌의 절반은 머릿속에, 수십억 개의 뇌세포로 이루어진 나머지 절반은 죽은 채로 병원의 유리병에 들어 있는 광경을 우리는 목격했다. 그러나 이 아이들은 결코 죽지 않았다. 아이들은 절반의 뇌로 걷고 말하고 학교에 다녔다. 다른 아이들과 비교해 일부는 지능지수가 평균 이상이었고 최소한 한 명 정도는 천재의 범주에 들어갔다.

흔히 통용되는 믿음과 달리 우리는 뇌세포가 열 개 정도 죽어 있는 아이가 있어도 이를 전혀 눈치채지 못할 것이라는 생각을 해 왔다. 어쩌면 뇌세포가 백 개, 천 개 정도 죽어 있더라도 알아채지 못할 것이었다. 그러나 우리의 꿈이 아무리 원대하다 해도, 무려 수십억 개의 뇌세포가 죽어 있는 아이가 생명을 유지하면서 심지어 평균적인 아이들만큼 건강하거나 더 나을 수도 있다는 사실은 감히 짐작조차 하지 못했다.

이러한 장면을 수없이 지켜보면서 우리는 보통의 아이들을 바라보는 시각에도 새로운 의문을 담기 시작했다. 왜 '뇌의 절반을 절제한' 조니가 '손상되지 않은 뇌를 가진' 빌리만큼 잘해 나가고 있을까? 빌리는 어째서 조니의 두 배, 아니 적어도 조니 이상으로 잘하지 못할까? 과연 보통의 아이들은 자신의 능력을 충분히 발휘하고 있는 걸까? 지금껏 한 번도 생각한 적 없던 중요한 질문이었다.

그동안 우리 팀의 비외과 구성원들은 아이들이 어떻게 성장하고 뇌가 어떻게 발달해 나가는지에 관해 훨씬 더 많은 것들을 알아냈다. 정상적인 아이들에 관해 많은 것을 알아 갈수록 뇌손상 아동을 정상 상태로 회복시키는 단순한 방법들도 꾸준히 발달했다. 이제 우리는 뇌손상 아동들이 꾸준히 발전되고 향상되어 온 간단한 비외과적 치료법을 통해 건강을 회복하는 사례를 목격하기 시작했다.

## 내 아이는 타고난 잠재력을 전부 발휘하고 있을까?

뇌손상 아동이 직면한 복합적인 문제점을 해결하기 위한 방법이나 개념을 자세히 설명하려고 이 책을 쓴 것은 아니다. 그러나 뇌손상 아동의 치료법이 매일 성취도를 높여 간다는 사실은 정상 범주의 아이들도 현재의 모습보다 훨씬 더 발전할 수 있다는 것을 알려 주는 통로가 된다.

얼마 후 우리는 심각한 뇌손상을 입은 아이들이 뇌손상을 전혀 입지 않은 아이들과 비슷한 수행 능력을 보이는 모습까지 목격하기에 이르렀다. 치료법이 점점 더 발전하면서 보통 아이들만큼의 수행 능력을 보일 뿐만 아니라 보통의 아이들과 전혀 구별되지 않는 뇌손상 아동도 나타나기 시작했다. 신경이 어떻게 성장하는지, 신경의 정상 상태란 어떤 것인지 더 잘 이해하게 되면서, 더불어 신경을 정상 상태로 재생시키는 치료법들이 다양하게 개발되면서 이제 뇌손상 아동들은 평균 이상의 혹은 월등하고 우수한 수준의 수행 능력을 보이기 시작했다.

우리는 상상 이상으로 흥분했다. 조금은 두렵기까지 했다. 지금껏 우리는 모든 아이의 잠재력을 과소평가하고 있었던 것이다.

이제 자연스럽게 매혹적인 질문이 떠올랐다. 뇌의 절반을 병원 유리병 안에 넣어 둔 앨버트와, 완벽하게 정상적인 뇌를 지닌 빌리, 그리고 수백만 개의 뇌세포가 죽었지만 비외과적인 치료법을 통해 완전히 정상적인 수행 능력을 보이는 찰리, 이렇게 7세 아동 세 명이 우리 눈앞에 있다고 생각해 보자.

뇌의 절반을 절제한 앨버트는 빌리만큼 똑똑했다. 머릿속에 죽은 뇌세포가 수백만 개나 되는 찰리 역시 마찬가지였다. 그렇다면 뇌손상을 입지 않은 보통의 아이인 빌리는 대체 무엇이 문제였던 것일까?

오래도록 연구를 거듭해 오면서 그 어떤 중요한 사건이나 위

대한 발견을 목격했을 때보다 더욱 강력한 떨림을 느꼈다. 그 세월 동안 뇌손상 아동을 둘러싸고 있었던 자욱한 수수께끼의 안개가 점차 걷혔다. 우리가 목격한 것은 전혀 기대하지 않았던 것, 바로 **건강한 아이에 관한 진실**이었다. 뇌손상을 입어 신경체제가 혼란스러운 아동과, 건강한 뇌를 지니고 있어서 신경체제가 질서 있는 아동 사이에 논리적인 연관성이 드러났다.

이전에는 건강한 아이에 관해서 서로 연관성 없이 개별적인 사실들만이 존재했다. 그러나 논리적인 연관성이 드러나자 자연스럽게 인간 자체를 탁월하게 변화시킬 수 있을지도 모른다는 생각, 지금보다 더 나은 모습으로 향상시킬 수 있을지도 모른다는 생각이 떠올랐다. 과연 평균적인 아이들의 뇌가 보여 주는 신경체제가 우리가 가고자 했던 길의 종착역일까?

평균적인 아이들과 비슷하거나 혹은 더 뛰어난 수행 능력을 보이는 뇌손상 아동들이 나타난 판국에, 우리 앞에 놓인 길이 훨씬 더 멀리 뻗어 나갈 가능성이 커졌다. 당시에는 신경 발달과 신경의 최종생산물인 개인의 능력이 고정적이며 변하지 않는다는 생각이 지배적이었다. 이 아이는 원래 능력이 있고 저 아이는 능력이 없다, 이 아이는 영리하고 저 아이는 영리하지 않다는 식이었다.

그러나 사실은 그렇지 않았다. 우리가 늘 고정되어 변화하지 않는다고 믿어 왔던 신경 발달은 실제로 매우 동적이고 끊임없이 변화하고 있었다.

심각한 뇌손상을 입은 아이의 신경 발달 과정은 완전히 정지되어 있다. 발달지체 아이의 신경 발달 과정은 상당히 느리게 이루어진다. 보통 아이의 경우 평균적인 속도로 발달이 이루어지고, 우수한 아이의 경우 평균 이상의 속도로 발달한다.

이제 우리는 뇌손상 아동과 평균적인 아동, 우수한 아동을 그저 서로 다른 세 부류의 아동으로 보는 게 아니라 심각한 뇌손상이 일으킨 극도의 신경 질서 와해부터 보통 수준의 뇌손상이 일으킨 경미한 신경 질서 와해, 보통의 아동이 보여 주는 평균적인 신경 질서, 우수한 아이들이 보여 주는 높은 정도의 신경 질서까지 스펙트럼처럼 분포하는 하나의 연속체로 바라봐야 한다는 사실을 깨닫게 되었다.

심각한 뇌손상 아동은 정지 상태에 이른 신경 발달 과정을 다시 진행시키는 데 성공했고 발달지체 아동의 경우 신경 발달의 속도를 높이는 데 성공했다. 이제 우리는 신경 발달의 속도가 지연될 수도 있고 향상될 수도 있음을 분명히 알게 되었다.

간단한 비외과적 치료를 통해 뇌손상 아동의 신경 질서 와해 상태를 평균적인 수준 혹은 그 이상의 신경 질서 회복 상태로 돌려놓는 데 성공하는 일이 반복되면서 우리는 이 프로그램을 통해 평균적인 아동의 신경 질서도 크게 향상시킬 수 있다는 믿음을 갖게 되었다. 이때 사용된 여러 프로그램 중 하나가 바로 뇌손상 아이에게 읽기를 가르친 것이었다.

그리고 건강한 아이에게 읽기를 가르친 것은 여태껏 검증된 신경 질서 향상 프로그램 가운데 가장 뚜렷한 효과를 보여 주었다.

# 어린아이가 글을 읽을 수 없다는 당신의 생각은 틀렸다

✳

이 조용한 혁명은 저절로 시작되었다. 결과적으로 우연히 벌어진 일이라는 게 참 신기할 따름이다.

조용한 혁명가인 아이들은 자신들에게 적당한 도구만 주어진다면 읽기가 가능해진다는 사실을 알지 못했다. 정작 아이들에게 그 적당한 도구를 쥐여 준 텔레비전 속 어른들도 아이들에게 이런 능력이 있다는 것을, 그리고 텔레비전이 조용한 혁명을 불러일으킬 도구를 제공해 주고 있다는 것을 전혀 알지 못했다.

조용한 혁명이 일어나기까지 오랜 시간이 걸렸던 것은 오직 '이 도구'가 부족했던 탓이다. 그러므로 적당한 도구가 널리 보급된 지금은 부모들이 기꺼이 이 훌륭한 혁명의 공모자가 되어 주어야 한다. 조용한 혁명을 덜 조용하게 만들자는 게 아니라 아이들이 보람을 수확할 수 있도록 혁명의 속도를 더욱 높이자는 말이다.

아이들이 이전까지 이와 같은 비결을 발견하지 못했다는 사실이 놀랍지만, 이는 오히려 아이들이 영리해서 눈치채지 못한 것에 가깝다. 2세가 된 아이들에게 어른들이 이 비결을 일러 주지 않았던 유일한 이유는 어른들 역시 이 비결을 전혀 알지 못했기 때문이다. 알았더라면 아이들에게나 우리 어른들에게나 몹시 중요한 이 비결을 감추어 두었을 리가 없다.

문제는 우리가 글자를 너무 작게 만들었다는 것이다.

**문제는 우리가 글자를 너무 작게 만들었다는 것이다.**

문제는 우리가 글자를 너무 작게 만들었다는 것이다.

문제는 우리가 글자를 너무 작게 만들었다는 것이다.

글자는 아무리 크게 써도 읽기 힘들 정도까지 키울 수 없다. 그러나 읽기 힘들 정도로 작게 쓰는 것은 가능하다. 이게 바로 지금껏 우리가 저질러 온 실수다. 눈에서 뇌의 시각 관장 부위까지 가는 과정을 시각 경로라고 하는데, 글자가 지나치게 작으면 정교한 어른들의 시각 경로(뇌도 포함되어 있다)로도 읽기에 어려움을 느낀다. 하물며 이 부분이 미처 발달하지 못한 1~3세의 시각 경로로는 단어와 단어 사이를 구분할 수조차 없다.

그러나 텔레비전 광고 속에서 이 문제의 해답을 찾을 수 있다. 텔레비전 속의 한 남자가 "해변, 해변, 해변"이라고 멋들어진 목소리로 크고 뚜렷하게 말하는 동시에 '해변'이라는 글자가 크고 뚜렷한 글자로 보이면 아이들은 글자를 전혀 알지 못하는 상태에서도 그 단어를 배울 수 있다. 어린아이들도 읽기를 배울 수 있는 것이다. 일단 글자를 아주 크게 키우기만 한다면 말이다.


## 읽기 교육에 대한 어른의 흔한 오해

그런데 혹시 아이들은 글자로 되어 있는 단어보다 말로 하는 단어를 더 쉽게 이해하는 게 아닐까?

전혀 그렇지 않다. 배울 수 있는 능력을 갖춘 유일한 기관은 바로 뇌다. 아이는 텔레비전에서 흘러나오는 크고 뚜렷한 목소리로 단어를 '듣고' 이를 뇌만이 할 수 있는 방식으로 해석한다. 동시에 아이의 뇌는 눈을 통해 크고 뚜렷하게 쓰여 있는 텔레비전 속의 단어를 '보고' 정확히 같은 방식으로 이를 해석한다.

뇌의 입장에서는 어떤 광경을 '보거나' 어떤 소리를 '듣거나' 차이가 없다. 두 가지 모두 똑같이 잘 이해할 수 있다. 이때 필요한 조건은 귀가 들을 수 있을 정도로 소리가 크고 뚜렷해야 한다는 것, 눈이 볼 수 있을 정도로 글자가 충분히 크고 뚜렷해야 한다는 것이다. 그래야만 뇌가 이들을 해석할 수 있다. 우리는 소리를 크고 뚜렷하게 하려는 노력은 잘해 왔으면서도 글자를 크고 뚜렷하게 할 생각은 못했다.

사람들은 평소 어른들끼리 대화를 나눌 때보다 아이들과 대화를 나눌 때 늘 더 큰 소리로 말하는 경향이 있다. 아이들이 어른들의 어조를 들으면서 동시에 내용을 이해하기란 불가능하다는 것을 본능적으로 깨닫고 있기 때문이다. 그래서 아이들에게는 더 큰 소리로 이야기하고, 아이의 나이가 어릴수록 목소리를 더욱 키운다.

논리적으로 이야기를 전개하기 위해, 어른들이 아이들 입장에서는 들을 수도, 이해할 수도 없을 정도로 작고 부드러운 어조로만 대화를 나눈다고 가정해 보자. 다만 이때의 목소리는 아이가 6세가 될 쯤에는 알아들을 수 있을 만한 정도의 크기다.

이러한 조건이라면 어른들은 아이가 6세가 되면 '어느 정도 들을 수 있는가?'를 시험해 보려고 할 것이다. 만약 아이가 '듣기'는 할 수 있지만 단어의 의미를 이해하지는 못한다면(이 결과는 당연하다. 그전까지 아이는 작은 소리를 구별할 수 있을 정도로 청각 경로가 발달하지 않았기 때문이다) 우리는 아이에게 'ㄱ'이라는 글자를 말해 주고 이어서 'ㄴ'이라는 글자를 말해 주면서 언어를 가르쳐 주려고 할 것이다. 이렇게 자음과 모음을 모두 가르쳐 준 다음에는 자음과 모음이 합쳐져 만들어지는 단어들이 어떤 소리가 나는지를 가르쳐 주는 방식으로 아이를 교육할 것이다. 그리고 이 방식으로 듣기를 배운 수많은 아이들은 단어와 문장을 알아듣는 데 어려움을 겪게 될 것이다.

얼핏 황당해 보이는 위 이야기는 사실 지금까지 우리가 글로 된 언어를 가르치면서 해 왔던 일이다. 우리는 그동안 아이들이 '보고 이해하기'에 너무 작은 글자만을 보여 주었던 것이다.

이제 또 다른 가정을 해 보기로 하자. 만약 우리가 말로 하는 대화는 속삭이듯 작은 목소리로 하는 대신 글자와 문장은 매우 크고 뚜렷하게 쓴다면 어떨까. 이 경우 어린아이들은 글로 된 언어를 쉽게 읽을 수 있게 되겠지만, 반대로 말소리는 이해하지 못할 것이다.

이제 텔레비전이 도입되어 글자와 소리가 모두 크게 보이고 들린다고 생각해 보자. 당연히 모든 아이가 그 단어들을 읽을 수 있게 될 것이고 많은 아이가 2~3세의 어린 나이에 말로 하는 단어까지 이해하기 시작할 것이다. 지금까지의 이야기를 거꾸로 하면 그게 바로 오늘날 읽기를 둘러싸고 벌어지고 있는 현실이다.

## 읽기 교육의 핵심은 텔레비전 광고 안에 있다

텔레비전은 아이들에 대해서 그밖에 또 다른 흥미로운 사실을 알려 주었다.

먼저, 어린아이들은 소위 '어린이 프로그램'을 시청할 때는 지속적인 주의를 기울이지 않지만 상업광고가 흘러나올 때면 당장 텔레비전 앞으로 달려가 그 상품이 무엇인지, 어떤 용도를 지니고 있는지를 듣고 또 읽는다.

여기서 핵심은 텔레비전 상업광고는 2세 아이를 대상으로 제작된 것이 아니라는 데 있다. 또, 가솔린이든 다른 무엇이든지 간에 광고 속 상품은 2세 아이에게 특별히 매혹적으로 보일 리 없다. 단지 아이들은 충분히 큼직하고 충분히 뚜렷하며 충분히 커다란 목소리로 반복해서 전달된다는 이유만으로도 상업광고로부터 무언가를 배운다. 모든 아이는 배우고자 하는 열의에 가득 차 있기 때문이다. 아이들은 〈미키마우스〉를 보고 깔깔 웃기보다는, 무언가를 배우는 쪽을 확실히 더 좋아한다.

그러므로 아이들은 가족과 함께 자동차를 타고 도로 위를 달리는 도중에도 '해변'이라고 쓰인 표지판을, 맥도날드 간판을, 코카콜라 광고판을 즐겁고 유쾌하게 읽는다. 이게 바로 현실이다.

그러므로 '아주 어린 아이들도 읽기를 배울 수 있을까?'라는 질문은 던질 필요가 없다. 이미 '할 수 있다'라는 대답이 나왔기 때문이다. 이제 우리가 던져야 할 질문은 '우리는 아이들이 어떤 것들을 읽기를 바라는가?'다.

아이들이 읽는 것을 제품이나 첨가물의 이름처럼 상업적인 것들로만 한정할 것인가? 아니면, 아이의 삶을 풍요롭게 만들어 주고 일상과 연결될 수 있는 것들로 더 확장할 것인가?

이쯤에서 기본적인 사실들을 한번 확인하고 넘어가자.

① 어린아이들도 읽기를 배우고 싶어 한다.
② 어린아이들도 읽기를 배울 수 있다.
③ 어린아이들도 읽기를 배우고 있다.
④ 어린아이들도 읽기를 배워야 한다.

이제 위 네 가지 사실들에 관해 하나하나 다룰 것이다. 네 가지 사실 모두 실질적이며 단순하다. 어쩌면 실질적이고 단순했던 게 문제였을지도 모른다. 단순해 보이는 사실일수록 만만하게 보고 지나치기 쉬운 법이니 말이다.

# 한 뇌손상 아이가 보여 준
# 기적과도 같은 변화

✳

런스키 씨가 아들 토미에 대한 이야기를 했을 때 우리가 그토록 믿기 힘들었던 이유도 마찬가지였다. 지금 생각해 보면 참 이상할 정도로 우리는 오래도록 런스키 씨에게 그다지 큰 관심을 기울이지 않았다. 연구소에서 토미를 처음 보았을 때부터, 토미에게 벌어지고 있는 일을 이해하기 위한 지식을 모두 갖추고 있었는데도 말이다.

## 심각한 뇌손상을 입고 태어난 아이에게 벌어진 일

토미는 런스키 씨 가족의 넷째 아이다. 런스키 씨는 아이들에게 제대로 된 교육을 시킬 만큼 시간이 많지 않았다. 다만 귀여운 세 아이를 부양하기 위해 몹시 열심히 일했을 뿐이다. 그러다 상황이 나아져 호텔 안의 술집을 인수하게 되었을 무렵, 넷째 토미가 태어났다.

기쁨도 잠시, 토미는 심각한 뇌손상을 입은 채로 태어났다. 토미는 2세가 되었을 때 뉴저지주의 큰 병원에서 신경외과 정밀 검사를 받았다. 토미가 퇴원하던 날 신경외과 과장은 런스키 씨 부부에게 솔직한 이야기를 털어놓았다. 의사는 토미가 걸을 수도, 말할 수도 없는 식물 같은 아이라고 설명하면서 아마 평생을 시설에서 보내야 할 거라고 말했다.

그러나 런스키 씨는 폴란드인 특유의 단호함과 미국인다운 완고함을 발휘해 의사 앞에 우뚝 서서 당당하게 말했다. "의사 선생님, 크게 착각하고 계시는군요. 토미는 제 아이입니다."

런스키 씨 부부는 그 뒤로도 한동안 토미의 상태를 다르게 진단해 줄 의사를 찾아 몇 개월을 헤매고 다녔다. 그러나 돌아오는 대답은 한결같았다.

시간은 흘러 토미의 세 번째 생일이 다가올 무렵이었다. 런스키 씨 부부는 필라델피아 아동병원의 신경외과 과장, 유진 스피츠 박사를 만났다. 스피츠 박사는 정밀 검사를 마친 뒤 런스키 부부에게 말했다. "토미의 뇌는 심각한 손상을 입었지만 체스넛힐에 토미 같은 아이들을 위한 연구소가 있습니다." 그렇게 토미가 3세 하고도 2주일이 되었을 때, 이들은 인간잠재력개발연구소에 도착했다.

당시 토미는 움직이지도, 말을 하지도 못했다. 연구소는 곧장 토미의 뇌손상 정도와 그 결과 발생하는 문제점에 대한 평가에 착수했다. 곧 토미에게 정상적인 발달 과정을 재현시키는 치료 프로그램이 처방되었다. 런스키 씨 부부도 가정에서 이 프로그램을 어떻게 수행해 나가야 할지 교육을 받았고, 만약 프로그램대로 잘 해낸다면 토미의 상태가 크게 호전될 수 있다는 이야기를 전해 들었다. 60일 후에 다시 연구소를 찾아와 재평가를 받아야 했고, 이때 향상의 징후가 보이면 프로그램을 수정할 계획이었다. 런스키 씨 부부는 프로그램을 철저하게 따라 줄 것이었다. 이들은 마치 종교의식을 치루듯 프로그램을 수행해 나갔다.

런스키 씨 가족이 두 번째로 연구소를 찾아왔을 때 토미는 기고 있었다. 이제 부부는 첫 성공으로 얻은 희망 덕에 프로그램을 더욱 적극적으로 공략해 나갔다. 그들은 얼마나 결연했던지 세 번째 방문을 위해 필라델피아로 달려오던 길에 자동차가 고장이 나자 즉석에서 중고차 한 대를 구입해 내처 연구소로 달려왔을 정도였다. 이들이 한시도 지체할 수 없었던 이유는 드디어 토미가 두 단어를 말할 수 있게 되었다는 기쁜 소식을 우리에게 전하고 싶어서였다. 당시 토미는 3세 하고도 6개월이 지났는데 두 손과 무릎을 이용해 제대로 기어다니고 있었다.

이제 토미의 엄마는 오직 엄마만이 생각해 낼 수 있는 일을 시도했다. 어린 아들을 위해 벌써부터 축구공을 사 오는 아빠처럼, 토미의 엄마는 이제 3세가 되었고 심각한 뇌손상을 입어 겨우 두 단어만을 말할 수 있는 아들을 위해 알파벳 책을 한 권 사 왔다. 토미의 엄마는 아이가 걸을 수 있든 없든, 말을 할 수 있든 없든 토미가 얼마나 똑똑한지 모른다고 늘 당당하게 말해 왔다. 사실 토미의 눈을 들여다보면 누구라도 그렇게 생각했을 것이다.

우리가 사용했던 뇌손상 아동의 지능검사 방법은 런스키 부인이 스스로 아들의 지능을 판단한 방식보다 훨씬 복잡하고 정밀했지만 정확도 면에서는 비슷했던 것 같다. 당시 우리도 토미가 정말로 똑똑하다는 생각에는 동의했지만, 뇌손상을 입은 3세의 아이에게 읽기를 가르친다는 것은 전혀 다른 문제로 보였다.

## "제가 뭐랬어요? 우리 아이는 읽을 수 있다니까요"

토미가 4세가 되었을 때, 런스키 부인은 자랑스럽게 이야기했다. "토미가 알파벳 책에 나오는 모든 단어를, 알파벳 하나하나를 따로 읽을 때보다 훨씬 더 쉽게 읽을 수 있게 되었어요!" 하지만 우리는 그다지 커다란 관심을 기울이지 않았다. 그보다 우리는 토미의 신체적 이동성만큼이나 토미의 말이 꾸준히 늘어 가는 것에 더 큰 관심을 기울이고 기뻐하고 있었다.

토미가 4세 2개월이 되었을 때, 이번에는 런스키 씨가 찾아와 토미가 드디어 《초록색 달걀과 햄Green Eggs and Ham》이라는 닥터수스 Dr. Seuss의 책을 끝까지 읽을 수 있게 되었다고 자랑했다. 그러나 우리는 런스키 씨를 향해 예의 바른 미소를 띠며 '토미의 말과 이동성이 눈에 띄게 향상되고 있다'라는 사실만 기록했을 뿐이었다.

토미가 4세 6개월이 되었을 때, 런스키 씨는 토미가 닥터수스의 모든 책을 읽을 수 있게 되었다고 자랑스럽게 말했다. 우리는 진료 기록에 토미가 눈부시게 발전하고 있다는 점을 적으며 '런스키 씨가 토미가 읽을 수 있다고 말했음'이라고도 적었다.

토미가 열한 번째로 우리 연구소를 찾아온 날은 마침 토미의 다섯 번째 생일이었다. 스피츠 박사도 우리도 모두 토미의 눈부신 발전을 진심으로 기뻐하고 있었다. 그러나 그날이 모든 아이에게 엄청나게 중요하고 의미 있는 날로 기록될 것이라는 사실은 누구도 눈치채지 못했다.

그날도 런스키 씨 혼자서 늘 했던 대로 별 의미 없어 보이는 보고를 했을 뿐이었다. 이제 토미가 〈리더스 다이제스트Reader's

Digest〉를 포함해 어떤 글이든 읽을 수 있게 되었고 심지어는 내용까지 이해할 수 있게 되었으며 이미 5세 생일이 오기 전부터 이런 일들이 가능했다는 이야기였다.

우리가 런스키 씨의 주장에 대해 어떤 반응을 보이기도 전에 식당 직원이 토마토 주스와 햄버거로 차린 점심 식사를 들고 들어왔다. 우리가 별다른 감흥을 보이지 않자 런스키 씨는 책상에서 종이 한 장을 집어 들더니 '글렌 도만은 토마토 주스를 마시고 햄버거를 먹는 것을 좋아한다.'라고 썼다. 그러고는 토미에게 소리 내 읽게 했다. 런스키 씨의 지시를 받은 토미는 이 문장을 쉽게, 그것도 적절한 억양과 음조 변화까지 곁들여 가며 읽었다. 흔히 7세 아동이 문장 자체의 의미를 이해하지 못하는 상태에서 각 단어를 끊어 읽을 때처럼 머뭇거리지도 않았다.

우리는 천천히 말했다. "다른 문장도 한번 써 보십시오."

런스키 씨는 '토미의 아빠는 맥주와 위스키를 마시는 것을 좋아한다. 그는 토미네 술집에서 맥주와 위스키를 많이 마셔 배가 몹시 크고 뚱뚱하다.'라고 썼다.

토미는 처음 세 단어를 소리 내어 읽다가 깔깔 웃기 시작했다. 아빠의 배에 대해 말하는 웃긴 부분은 네 번째 줄에 있었다. 런스키 씨가 글자를 몹시 크게 써서 줄이 길어졌던 것이다.

심각한 뇌손상을 입은 이 아이는 실제로는 자기가 말하는 속도보다 더 빠르게 읽고 있었다. 토미는 단지 읽는 것뿐 아니라 속독을 하고 있었고 심지어는 문장을 분명하게 이해하고 있었다!

우리는 벼락이라도 맞은 것처럼 놀랐고, 일제히 런스키 씨를 쳐다보았다. 런스키 씨가 말했다. "제가 뭐랬어요? 우리 아이는 읽을 수 있다니까요."

그날 이후 우리의 태도는 완전히 달라졌다. 20년 이상 맞추고 있었던 퍼즐의 마지막 조각을 드디어 찾아낸 순간이었다. 토미는 우리에게 뇌손상을 입은 아이도 보통 아이들보다 훨씬 더 일찍 읽기를 배울 수 있다는 사실을 가르쳐 주었다.

일주일도 안 되어 즉시 호출을 받고 달려온 워싱턴의 전문가 집단이 토미를 대상으로 전면적인 검사를 실시했다. 심각한 뇌손상을 입었고 아직 5세밖에 안 되는 토미는 제 나이의 두 배나 되는 보통 아이들보다 더 잘 읽었고 그 내용까지 완벽하게 이해하고 있었다.

토미는 6세가 되자 걷기 시작했다. 물론 걷기 자체가 토미에게는 완전히 새로운 일이었기 때문에 걸을 때 몸이 약간 떨렸다. 이제 토미는 11세에서 12세에 해당하는 초등학교 6학년 수준으로 읽고 있다. 토미는 평생을 시설에서 보낼 필요가 없지만 토미의 부모는 다음 학기부터 토미가 다닐 '특수학교'를 찾고 있다. 이 학교는 특수하게 수준이 낮은 아이들을 위한 학교가 아니라 '특수하게 수준이 높은 아이들을 위한 학교'를 말한다.

토미는 '심각한 뇌손상'이라는 다소 모호한 선물과, 그를 진심으로 사랑하고 아이의 잠재력을 실현시켜 주고자 했던 부모의 '절대적인 헌신'이라는 틀림없는 선물을 갖고 있었다.

토미는 20년 동안의 연구에 촉매제가 되어 주었다. 20년 동안 쌓여 온 폭발물에 한 방의 도화선이 되어 주었다고 말하는 게 더 정확할지도 모르겠다.

무엇보다 인상적인 점은, 토미가 읽기를 몹시 원했고 또 매우 즐겼다는 사실이다.

# How to
# Teach
# Your Baby
# to Read

# How to Teach Your Baby to Read

2장

# 배움에 대한
# 선입견을 버려라

두 손 두 발 다 들었죠.
3세 이후로 아이는 뭐든 읽으려고 들었어요.
- 길크리스트 부인, 4세 메리의 엄마

# 당신의 아이는 '배우고' 있는가, ✳
'교육받고' 있는가?

아무리 뛰어난 과학자라도 그 호기심이 18개월에서 4세 사이 영유아의 반이라도 따라온 사람은 인류 역사상 단 한 명도 없었다. 그러나 우리 어른은 이토록 왕성한 호기심을 흔히 집중력 결핍으로 오해해 왔다.

물론 부모라면 자식의 행동을 주의 깊게 관찰하기 마련이지만 그 행동이 어떤 의미를 지니고 있는지까지는 늘 제대로 이해하지 못한다. 무엇보다 많은 이들이 전혀 다른 두 낱말을 마치 같은 말인 양 사용하고 있다. 바로 '배우다learn'와 '교육하다educate'이다.

《미국대학사전American College Dictionary》을 보면 '배우다'를 다음과 같이 정의하고 있다. "1. 학습이나 지도, 경험 등을 통해 지식이나 기술을 습득하다."

반면 '교육하다'의 의미는 이렇다. "1. 교습이나 지도, 학업 등을 통해 소양과 능력을 개발시키다. 2. 가르침을 제공하다, 학교에 보내다."

정리해 보자면 흔히 '배우다'는 지식을 습득하고 있는 사람에게 벌어지는 제반 과정을 포괄적으로 뜻하는 반면 '교육하다'는 교사나 학교에 의해 지도를 받는 배움의 과정을 뜻한다. 이와 같은 사실을 모르는 사람은 거의 없지만 현실에서는 이 두 가지 과정이 마치 동일한 과정인 양 취급되는 일이 허다하다. 그런 이유로 공교육이 시작되는 6세 시기에 일반적인 배움의 과정도 시작되는 것이 당연하게 느껴진다. 그러나 이는 완전한 착각이다.

## 아이들은 태어나면서부터 배운다

실제로 아이들은 탄생과 동시에 배우기 시작한다. 6세에 이르러 학교에 들어갈 무렵이 되면 이미 어마어마한 양의 정보와 사실을 흡수해 놓은 상태다. 어쩌면 남은 삶 동안 배우게 될 내용보다 훨씬 더 많은 것을 이미 배워 놓았을 수도 있다.

6세 아이는 이미 자기 자신과 가족에 대한 기본적인 사실들을 대부분 배웠다. 그밖에도 이웃에 대해, 이웃과의 관계에 대해, 또 주변 세계와 그 관계에 대해서도 이미 배웠을 것이다. 그뿐만이 아니다. 그 시기 아이들이 배워 놓은 사실들은 말 그대로 헤아릴 수 없을 정도다. 특히 이 시기 아이들은 최소한 한 가지 언어를 완전하게 배운 상태고 가끔은 두 가지 이상의 언어를 습득한 아이도 있다(6세가 지난 뒤 부가적인 언어를 완벽하게 습득할 기회는 사실상 많지 않다).

이 모든 일이 본격적으로 학교에 다니기 시작하기 전에 이루어진다. 이 시기에 배움의 과정을 굳이 억제하지만 않는다면 아이들은 엄청난 속도로 배워 나간다. 만약 적극적으로 이해하고 격려해 주기까지 한다면 배움의 과정은 믿기 어려운 속도로 일어날 것이다.

아주 어린 아이라도 그 마음속에는 무언가를 배우고자 하는 열망이 거침없이 타오르고 있다. 아이 자체를 완전하게 파괴하지 않고는 도저히 끌 수가 없는 맹렬한 불길이다.

물론 아이를 완벽하게 고립시킨다면 배우고자 하는 열망을 상당 부분 억누를 수 있을 것이다. 13세의 이른바 '백치'인 아이가 다락방 침대 기둥에 쇠사슬로 묶여 있는 모습이 발견되었다는 기사를 접했다고 가정해 보자. 이는 아이를 백치라고 판단했기 때문에 일어난 일일 것이다. 그러나 한 번만 뒤집어 생각해 보자. 사실 이 아이는 침대 기둥에 묶여 있었기 때문에 백치가 되었을 가능성이 훨씬 크다. 무엇보다 제 아이를 사슬로 묶어 놓는 부모라면 이미 정신이상이라는 사실을 깨달아야 한다. 그 결과로 아이는 배울 수 있는 모든 기회를 사실상 박탈당했기 때문에 심각한 상처를 입게 된 것이다.

## 아이들이 배움을 사랑할 수 있게 하라

배움을 향한 아이들의 열망을 잠재우려면 경험의 기회 자체를 제한하면 된다. 실제로 우리는 아이들의 잠재력을 지나치게 과소평가한 나머지 경험의 기회를 제한해 버리는 안타까운 일을 거의 전 세계적으로 자행하고 있다.

반대로 아이들에게 요구되는 무수한 신체적 제한들을 완화해 주기만 해도 학습 능력은 눈에 띄게 향상된다. 아이들이 지닌 학습 능력을 이해하고 배움을 격려해 주며 무궁한 기회를 마련해 준다면 아이가 받아들이게 될 지식의 양은 기하급수적으로 늘어날 것이다.

역사를 되짚어 보아도 어린아이들에게 읽기를 가르친 사례는 (일부 지역에 편향되어 있기는 하지만) 무수히 많았다. 또 아이들을 이해하고 격려해 줌으로써 보다 발전적인 일을 가능케 한 부모들도 많았다. 앞서 말한 사례들을 자세히 살펴보면 가정에서 미리 배움의 기회를 계획하고 마련해 줌으로써 아이의 지능을 경이로운 수준까지 발달시키는 동시에 아이를 행복하고 조화로운 인간으로 키워낼 수 있었다는 사실을 확인할 수 있다.

여기서 분명히 밝혀 둘 점은 이 아이들이 처음부터 지능이 높아서 특별한 학습의 기회를 부여받은 게 아니라는 사실이다. 부모가 먼저 자녀가 어릴 때부터 많은 정보에 노출될 수 있도록 마음먹고 준비한 결과였음을 똑똑히 기억해 두자.

역사를 통틀어 위대한 교사들은 아이들이 배움을 사랑할 수 있게 가르쳐야 한다고 여러 차례 반복해서 강조해 왔다. 안타깝게도 이들은 그 구체적인 방법에 대해서는 충분히 이야기해 주지 않았다. 고대 히브리 학자들은 부모들에게 히브리어 알파벳 모양의 케이크를 구워 아이가 이 글자를 알아맞히기 전에는 케이크를 먹지 못하게 하라고 가르쳤다. 비슷한 방법으로 아이들에게 석판에 꿀로 히브리어를 쓰게 하기도 했다. 아이들은 석판 위의 글자를 읽은 다음 꿀을 핥아먹으면서 '법전의 말씀이 입술 위에서 달콤하다'라는 것을 배웠다.

# 아이를 배움의 진공상태에
# 가두는 건 바로 부모다

＊

당신이 자녀에게 관심을 기울이는 부모라면 당연히 어린아이가 실제로 어떤 일들을 하고 있는지 예민하게 살펴볼 것이다. 그리고 왜 진작 이런 사실들을 알아채지 못했을까 도리어 의아해질 것이다.

18개월 된 아이를 유심히 지켜보면서 무엇을 하고 있는지 살펴보자. 아이는 모든 사람을 정신없게 만든다. 왜 그럴까? 호기심을 멈출 수가 없기 때문이다. 어른들이 아무리 애써 봐도 우리는 아이의 배우고자 하는 열망을 단념시킬 수 없고 규율로 억제할 수도 없다.

아이는 전등에 대해, 커피잔에 대해, 콘센트에 대해, 신문에 대해, 방 안의 모든 것에 대해 알고 싶어 한다. 다시 말해 아이는 전등을 손으로 두드려 보고, 커피잔의 커피를 바닥에 쏟아 보고, 콘센트에 손가락을 집어넣어 보고, 신문을 찢어 본다. 아이는 계속해서, 또 매우 자연스럽게 무언가를 배우고 있다. 그리고 우리는 이를 참아 내지 못한다.

우리는 아이의 행동 방식을 보고 아이가 과잉 행동에 집중력 결핍이라는 결론을 내린다. 그러나 사실 아이는 모든 것에 관심을 기울이고 있을 뿐이다. 이 세상에 대해 배울 수만 있다면 아이는 온갖 면에서 놀라울 정도로 민첩해진다. 아이는 보고 듣고 느끼고 냄새를 맡고 맛을 본다. 이 다섯 가지 감각의 경로를 통해 뇌에 다다르는 방식 말고는 달리 배울 방법이 없기 때문에 아이들은 이를 모두 사용한다.

전등을 본 아이는 전등을 만지고 소리를 듣고 눈으로 바라보고 냄새를 맡고 맛을 보기 위해 전등을 끌어내리는 것이다. 아마 기회만 주어진다면 전등으로 이 모든 일을 다 시도해 볼 것이다. 다른 물건들 역시 마찬가지다. 아이는 자신에게 허락된 모든 감각을 이용해 방 안의 모든 물건에 대한 정보를 흡수할 때까지 방 밖으로 나가려 하지 않을 것이다. 아이는 지금 배우기 위해 최선을 다하고 있으며, 우리는 이 배움의 과정이 지나치게 많은 희생을 요구하기 때문에 이를 저지하기 위해 최선을 다하는 중이다.

# 어떤 장난감은 오히려 아이의 배움을 방해한다

사실 부모들은 어린아이의 호기심을 충족시켜 주기 위해 몇 가지 방법을 고안해 냈지만 안타깝게도 대부분은 오히려 아이의 배움을 방해하고 있다.

가장 먼저 우리는 흔히 '아이가 깨지지 않는 물건을 가지고 놀 수 있게 해 주자'라는 생각으로 멋지게 생긴 분홍색 딸랑이를 쥐여 준다. 평범한 딸랑이보다 좀 더 정교해졌을 수는 있겠지만 그 래도 장난감은 장난감이다. 이런 물건을 쥐여 주면 일단 아이는 재빨리 한번 쳐다보고(그래서 장난감은 밝고 화사한 색깔로 되어 있 는 법이다) 어떤 소리가 나는지 알아보려고 바닥에 내던져 보고 (그래서 장난감에서는 딸랑이는 소리가 나는 법이다) 손으로 만져 보 고(그래서 장난감은 모서리가 날카롭지 않아야 한다) 맛을 한번 보고 (그래서 장난감은 무독성 색소로 만들어야 한다) 심지어 냄새까지 맡 아 본다(장난감에서 어떤 냄새가 나야 하는지까지는 아직 알아내지 못 했기 때문에 냄새 나는 장난감은 거의 없다). 이 과정에는 약 90초 정 도가 소요된다.

장난감에 대해 알고 싶었던 것을 모두 알았기 때문에 이제 아 이는 재빨리 장난감을 내팽개치고 장난감이 들어 있던 상자로 관 심을 돌린다. 아이는 장난감만큼이나 상자에도 흥미를 보인다

(그래서 항상 상자 안에 들어 있는 장난감을 사야 하는 법이다). 아이는 상자 자체에 대해서도 많은 것을 배운다. 이 역시 약 90초 정도가 걸린다. 사실 아이는 장난감 자체보다 상자에 더 많은 관심을 보이는 경우가 허다하다. 상자는 망가뜨려도 좋다는 허락을 받기 때문에 어떻게 만들어졌는지를 더 잘 배울 수 있다. 하지만 장난감은 망가뜨리면 안 되기 때문에 장난감에 대해서는 이런 혜택을 누릴 수가 없다. '망가뜨릴 수 없는 장난감'은 당연히 아이의 배우는 능력을 떨어뜨린다.

그렇다면 아이에게는 상자에 들어 있는 장난감을 사 주는 것이 집중 시간을 두 배로 향상시키는 좋은 방법일지도 모른다. 하지만 그게 정말로 아이의 집중력을 향상시킬까? 단지 두 배로 흥미로운 자료를 제공한 것은 아닐까? 정답은 후자다. 요컨대 우리는 흔히 아이의 집중 시간이 그다지 길지 못하다고 믿고 있지만, 아이의 집중 시간은 무언가를 배울 수 있는 물질의 '양'에 비례한다는 결론을 내릴 수 있다.

아이를 가만히 지켜보면 이러한 예를 수십 번도 넘게 목격할 수 있다. 그러나 두 눈으로 확인할 수 있는 이토록 명백한 증거에도 불구하고 우리는 너무도 자주 '아이의 집중 시간이 짧으면 아이가 별로 영리하지 못한 것이다'라는 결론에 도달해 버린다. 이와 같은 추리에는 아이가 아주 어리기 때문에 별로 똑똑하지 못한 것이라는 뜻이 담겨 있다. 그러나 2세 아이가 구석에 가만히 앉아 조용히 딸랑이만 가지고 5시간을 놀고 있다면 어떨까? 아마 이 아이의 부모는 훨씬 더 당황하고 걱정하며 심각한 고민에 빠질 것이다.

## 부모는 아이를 배움의 현장으로부터 고립시킨다

배우고 싶어 하는 아이의 욕구를 방해하는 두 번째 일반적인 방법으로는 '안전 울타리 안에 집어넣기'가 있다.

안전 울타리에 관해 타당하다고 볼 수 있는 것은 오직 그 이름 뿐이다. 말 그대로 이는 그저 울타리일 뿐이다. 이에 대해 우리는 솔직해질 필요가 있다. 그러니 "아이를 위해 안전 울타리를 사러 갑시다."라고는 말하지 말자. 진실을 말하자. 솔직히 부모 자신을 위해 울타리를 산다는 사실을 인정하자.

엄마가 안전 울타리 안에 앉아 책을 읽으며 흡족하게 웃고 있는 사이, 아이 혼자 울타리 밖에서 놀며 엄마를 향해 다가가지 못하고 있는 모습을 그려 놓은 만화를 본 적이 있다. 유머를 담고 있기는 하지만 이 만화는 또 다른 진실을 암시하고 있다. 이미 세상에 대해 알 만큼 알고 있는 엄마는 고립을 얼마든지 참아 낼 수 있지만 바깥의 아이는 아직 배워야 할 게 너무나 많으므로 탐험을 계속해야 한다는 점이다.

그러나 안전 울타리가 정말로 희생시키고 있는 게 무엇인지를 정확히 아는 부모는 거의 없다. 안전 울타리는 아이가 세상을 배워 나가려는 욕구를 분명히 제한할 뿐만 아니라 배밀이와 기기처럼 성장에 필수적인 발달조차 방해하면서 신경의 발달을 심각하게 제한한다. 또 아이의 시력과 조작 능력, 눈과 손의 협응력 등 많은 능력들이 발달하지 못하게 막는다.

부모들은 아이가 전기 코드를 씹거나 계단에서 굴러떨어져 다치는 사태를 막고 아이를 보호하기 위해 안전 울타리를 구입하는 것이라고 스스로를 설득해 왔다. 그러나 사실 부모가 아이를 울타리 안에 집어넣는 이유는 아이를 쫓아다니며 안전하게 지켜 줄 필요가 없어진다는 이점 때문이다. 속담으로 치면 '하나만 알고 둘은 모르는' 셈이다.

굳이 안전 울타리를 사용해야 한다면 길이 3.5미터에 너비 60센티미터의 울타리를 사용해 아이가 그 안에서 생의 중요한 순간 배밀이를 하고 기고 배울 수 있게 해 주는 편이 훨씬 더 현명한 방법이지 않을까? 이런 울타리 안이라면 아이는 직선 방향으로 배밀이를 하거나 기면서 3.5미터를 움직여 반대편 끝에 다다를 수 있다. 이런 울타리는 방 하나를 가득 채우기보다 벽을 따라

길게 공간을 차지하므로 부모에게도 훨씬 더 편리하다.

배움을 방해하는 도구로서 안전 울타리는 안타깝게도 딸랑이보다 훨씬 더 효과적이다. 엄마가 집어넣어 준 장난감 하나당 아이가 90초 정도를 할애해 뭔가를 배우고 나면 아이는 다시 할 일이 없어지기 때문이다. 그래서 아이는 장난감에 대해 다 배우고 나면 항상 밖으로 집어던져 버린다.

다시 말해 우리는 아이를 신체적으로 제한함으로써 아이가 물건을 망가뜨리는 것(배움의 한 가지 방법이다)을 성공적으로 막고 있다. 아이를 신체적, 정서적, 교육적으로 진공상태에 가둬 놓는 이 방법은 아이가 제발 밖으로 나가게 해 달라고 고통에 찬 비명을 질러 대도 우리가 참아 낼 수만 있다면 계속된다. 아마 아이가 훌쩍 커서 울타리 밖으로 넘어가 스스로 배울 것을 찾아다니기 시작할 때까지는 끄떡없을 것이다.

지금까지의 이야기가 아이가 전등을 깨뜨리는 위험한 일을 저질러도 좋다는 뜻으로 들리는가? 전혀 그렇지 않다. 아이가 모든 것을 가능한 한 빨리 배우고 싶다는 의사를 이리도 분명하게 보이는데도 어른들은 아이들의 배우고자 하는 욕구를 너무도 존중해 주지 않는다는 말을 하고 싶은 것이다.

# 인간의 뇌는 넣을수록 더 많이 들어가는 그릇이다

유치원 뜰에 서 있는 5세 남자아이 둘의 머리 위로 비행기가 지나갔다. 한 아이가 그 비행기를 보고 초음속 비행기라고 말했다. 또 다른 아이는 초음속 비행기라기에는 비행기 날개가 충분히 뒤로 젖혀지지 않았다며 이를 반박했다. 이때 종이 울려 더는 입씨름이 불가능해지자 첫 번째 아이가 말했다.

"일단 멈추고 지긋지긋한 구슬이나 꿰러 가자."

상당히 과장된 이야기지만 어느 정도의 진실이 함축되어 있다.

3세 아이가 다음과 같은 질문을 던진다고 생각해 보자.

"아빠, 해는 왜 뜨거워?"

"어떻게 저 작은 사람은 텔레비전 속으로 들어갔어?"

"꽃은 어떻게 쑥쑥 크는 거야, 엄마?"

아이가 전기와 천문과 생물에 호기심을 보일 때, 우리는 그만 가서 장난감이나 갖고 놀라고 말하기 일쑤다. 그러면서 아이가 너무 어려 이해하지 못할 것으로 생각한다. 또 아이의 집중 시간이 너무 짧아 말해도 소용없다는 결론을 내린다. 물론 아이의 집중 시간은 짧다. 적어도 대부분의 장난감에 대해서는 그렇다. 그러나 우리는 아이의 배우고자 하는 욕구가 최고조에 달할 때마다 아이를 배움으로부터 떼어 내 고립시키고 있다.

인간의 뇌는 참으로 독특해서 많은 것을 집어넣을수록 더 많이 들어가는 유일한 그릇이다. 9개월에서 4세 사이 아이의 정보 흡수 능력은 비할 데가 없을 정도로 최고조에 달하며 정보를 흡수하고자 하는 욕구 역시 그 어느 때보다 높다. 그러나 이 시기에 부모들은 오로지 아이를 깨끗하게 씻기고 잘 먹이고 주변 세계로부터 안전하게 지켜 주는 일에만 신경을 쓴다. 즉 배움의 진공상태에 가둬 놓는 것이다. 그러면서도 아이가 커서 학교에 다니게 되면 왜 천문학이나 물리학, 생물학에 대해 배우고 싶어 하지 않느냐는 잔소리를 해 댄다. 이는 엄청난 모순이다.

우리는 아이에게 배움이 삶에서 가장 중요하다고 말한다. 당연히 맞는 말이다. 그러나 우리는 동전의 반대쪽은 간과하고 있다. 배움은 삶에서 가장 중요한 일이지만 동시에 가장 대단한 게임이자 가장 재미있는 놀이기도 하다는 사실을 말이다.

# 부모는 아이가 배움 자체를
# 싫어한다고 착각한다

✳

흔히 부모는 아이들이 본질적으로 배우는 것 자체를 싫어한다고 넘겨짚는다. 부모 역시 학교를 싫어했고 심지어 무시했기 때문이다. 여기서 우리는 또다시 배움과 학교교육을 혼동하고 있다. 학교에 다닌다고 해서 모두 배우고 있는 것은 아니다. 또 아이들이 모두 학교에서만 배우는 것도 아니다.

내가 초등학교 1학년 때 경험했던 일들은 아마도 수백 년간 거의 모든 아이가 겪어 온 전형적인 일들이 아닐까 생각한다. 선생님은 우리를 향해 '앉아라, 조용히 해라, 나를 봐라, 내 말을 들어라'라고 말하며 이른바 가르침이라고 부르는 과정을 시작했다. 서로가 고통스럽겠지만 이 가르침이라는 과정을 통해 우리가 배우게 될 것이라는 말도 했다.

당시 선생님의 예언은 정확했다. 학교생활은 정말이지 고통스러웠다. 초등학교, 중학교, 고등학교까지 12년간 일분일초가 괴롭고 싫었다. 하지만 이런 이야기가 나 혼자만의 독특한 경험이라고 생각하지는 않는다.

배움의 과정은 무엇보다 재미있어야 한다. 배움은 삶에서 가장 재미있는 게임이기 때문이다. 영리한 사람이라면 나와 같은 결론에 도달하여 이렇게 말할 것이다.

"정말 대단한 하루였어. 전에는 몰랐던 것들을 많이 배웠어."

심지어 이런 말도 할 것이다.

"오늘 하루는 너무 끔찍했지만 그래도 무언가를 배워서 다행이야."

앞서 언급했듯 어린아이들이 학습과 놀이를 구별할 수 없을 정도로 배움을 원한다는 사실을 보여 주는 훌륭한 사례가 이미 많다. 배움이 전혀 재미있지 않다는 것을 어른들이 알려 주기 전까지 아이들은 계속해서 이러한 태도를 잃지 않는다.


## 우연히 찾아 낸 최고의 놀이


우리 팀이 수개월째 지켜보고 있는 3세의 뇌손상 아동은 드디어 읽기 프로그램을 시작해도 좋을 만큼의 수준에 도달했다. 뇌의 특정 기능이 억제되면 전체적인 뇌 기능까지 영향을 받을 수 있기 때문에 아이의 재활을 위해서 읽기를 배우는 것은 매우 중요했다. 다시 말해 뇌손상을 입은 어린아이에게 읽기를 가르치면 실질적으로 아이의 말과 다른 기능에도 도움이 된다. 이러한 이유로 우리는 이 아이에게 읽기를 배워야 한다는 처방을 내렸다.

그러나 아이의 아버지는 뇌손상을 입은 3세 아이에게 읽기를 가르친다는 생각에 몹시 회의적이었다. 충분히 이해할 수 있는 일이었다. 그러나 지금까지 아이가 신체적, 언어적으로 눈에 띄는 향상을 보여 주었기 때문에 아이 아버지는 결국 읽기 프로그램을 시작하자는 우리의 의견에 설득되었다.

두 달 후, 프로그램의 진행 상황을 확인하기 위해 연구소를 찾아온 아이 아버지는 몹시 기쁜 얼굴로 다음과 같은 이야기를 들려주었다. 그는 읽기를 가르치기로 결정하고 프로그램 시행 방식을 교육받을 때까지만 해도 효과를 기대하지 않았다고 한다. 또 뇌손상을 입은 아이에게 읽기를 가르치더라도 '전형적인 교실' 환경에서 가르치는 게 옳다고 생각했다. 그래서 그는 집 지하실에 칠판과 책상을 들여놓고 교실처럼 꾸몄다. 그리고 건강한 초등학교 1학년 딸아이도 함께 읽기 수업에 참여하도록 했다.

충분히 예상했겠지만 딸아이는 지하실에 꾸민 교실을 한번 훑어보고 기쁨의 환호성을 질렀다. 온 동네를 통틀어 가장 커다란 장난감을 갖게 된 것이다. 유아차보다도 크고 인형의 집보다도 훨씬 큰 장난감이었다. 다시 말해 자신만의 사립학교를 장난감으로 갖게 된 셈이다.

7월이 오자 딸아이는 동네로 나가 다섯 명의 아이들을 모집해 왔다. '학교놀이'를 하고 싶다고 찾아온 3세부터 5세까지의 아이들이었다. 이 아이들은 학교놀이를 환영했고 다른 형과 누나들처럼 학교에 갈 수 있도록 착한 어린이가 되겠다고 다짐했다. 이들은 여름 내내 일주일에 자그마치 5일을 학교놀이를 하며 보냈다. 초등학교 1학년인 딸은 선생님이 되었고 다른 아이들은 학생이 되었다. 누구도 이 놀이를 억지로 하게 강요하지 않았다. 우연히 찾아낸 최고의 놀이였을 뿐이다.

9월, 새 학기가 시작되어 딸아이가 교실로 돌아갈 때가 되자 이 '학교'는 문을 닫았다. 이제 이 특별한 동네에는 읽기를 할 수 있는 3세에서 5세 사이의 아동이 다섯 명이나 되었다. 물론 셰익스피어를 읽을 수 있는 수준은 아니었지만 초등학교 1학년 선생님이 가르쳐 준 25개의 단어를 확실히 읽고 뜻까지 이해할 수 있게 된 것이다.

이 초등학교 1학년 선생님은 역사상 가장 성취도가 높은 교사로 기록되어야 마땅할 것이다. 그게 아니라면 3세 아이들이 읽기를 진심으로 원했던 것이라고 결론지어야 할 테니 말이다. 그리고 우리는 이 배움이 3세 아이들의 읽기 욕구 덕분이었다고 믿기로 했다.

주목해야 할 사실은 3세 아이가 책 읽기를 배울 때는 오랜 시간 책에 집중할 수 있고 무척이나 영리해 보이며 전등을 망가뜨리는 일 따위는 완전히 그만두게 된다는 사실이다. 물론 아이는 여전히 3세고 대부분 90초 동안 관심을 보일 장난감들을 찾아다닐 것이다.

어떠한 아이도 '읽기'라는 게 존재한다는 사실을 알기 전에는 읽기를 배우고 싶어 하지 않는다. 그러나 모든 아이는 주변의 모든 것에 관해 정보를 흡수하고 싶어 한다. 적절한 환경이 마련된다면 읽기 역시 그중 하나가 될 것이다.

# How to Teach Your Baby to Read

# 3장

# 생애 첫 6년은
# 결정적 시기다

얼마 전 아이가 거실 바닥에 앉아
불어로 된 책을 넘기며 심드렁하게 말했다.
"엄마, 우리 집에 있는 영어로 된 책은
이미 다 읽어 버렸어."
- 길크리스트 부인

# 다른 동물과 구별되는
# 인간 고유의 6가지 특성

✳

아주 어린 아이들도 단어와 문장과 단락을 읽는 방법을 배울 수 있고 또 배우고 있다. 그것도 말로 하는 단어와 문장과 단락을 알 아듣는 것과 정확히 똑같은 방법으로 말이다.

다시 말하지만 사실은 아름답고도 단순하다. 눈은 보지만 보고 있는 것을 이해하지 못하며 귀는 듣지만 듣고 있는 것을 이해하지 못한다. 이해는 오직 뇌의 몫이다.

귀가 들려오는 말과 메시지를 알아듣거나 파악할 때 음성 메시지는 전자화학적인 전파의 연속체로 쪼개지면서, 듣고 있지 않은 뇌로 전달된다. 이후 다시 조합이 이루어지면서 원래의 말이 전달하고자 했던 의미로 이해되는 것이다.

눈이 글자로 된 단어와 메시지를 알아볼 때도 정확히 같은 방식으로 뇌에 전달된다. 시각적인 메시지는 전자화학적인 전파의 연속체로 쪼개지면서 보고 있지 않은 뇌로 전달되어 재조합이 이루어지고 읽기로서 이해된다.

뇌는 실로 마법의 도구다. 시각적 경로든 청각적 경로든 모두 뇌로 향한다. 그리고 두 가지 메시지는 모두 같은 뇌 경로를 통해 해석된다. 시각적 예민함과 청각적 예민함은 둘 다 심각하게 약하지만 않다면 이해의 과정과는 크게 상관이 없다.

인간보다 더 잘 보거나 들을 수 있는 동물은 많다. 하지만 침팬지의 시력이나 청력이 아무리 예민하다고 해도 눈으로 '자유'라는 단어를 읽고 귀로 이 말을 알아듣는 침팬지는 없다. 아직 그 정도 능력을 갖춘 뇌가 없기 때문이다.


## 뇌의 어떤 특성이 인간에게 가장 중요할까

인간의 뇌를 이해하려면 출생의 순간보다 앞선 잉태의 순간부터 살펴보아야 한다. 뇌의 성장 과정은 잉태의 순간부터 시작되지만, 그 과정에 대해서는 아직 잘 알려지지 않았다.

잉태의 순간부터 인간의 뇌는 폭발적인 속도로 성장하다가 그 속도가 점차 느려진다. 임신의 순간 수정된 난자의 크기는 지극히 작다. 12일 후 태아는 뇌를 식별할 수 있을 정도로 커진다. 그러나 여전히 모체가 임신 사실을 알기 훨씬 전의 일이다. 그러므로 성장 속도는 경이로울 정도로 빠른 것이다. 하지만 오늘의 속도는 어제의 속도보다 항상 더 느리다.

출생 시 아이의 몸무게는 2.5~3.5킬로그램 정도인데 이는 잉태의 순간 난자 무게의 수백만 배에 달한다. 이후에도 9개월 전과 성장 속도가 똑같다면 아이의 몸무게는 9개월째에 수천 톤이 나가야 하고, 18개월이 되었을 때에는 수백만 톤에 달해야 한다.

뇌 역시 신체와 마찬가지로 성장하지만, 속도 면에서는 하향세가 훨씬 더 뚜렷하다. 출생 당시 아이의 뇌는 전체 몸무게의 11퍼센트를 차지하지만 어른이 되었을 때는 겨우 2.5퍼센트를 차지한다는 사실만 봐도 분명히 알 수 있다.

아이의 뇌 성장은 5세경에 80퍼센트 완성되고, 6세가 되면 실질적으로 완성된다. 6세에서 60세까지 사는 동안 일어난 뇌의 성장은 5세에서 6세 사이의 단 1년(첫 6년 중 가장 성장 속도가 느린 해) 사이에 일어난 뇌의 성장보다 낮은 성장률을 보인다.

뇌가 어떻게 성장하는지를 이해했다면 이제 뇌의 어떤 기능이 인간에게 가장 중요한지를 이해해야 한다.

인간만이 지닌 예외적인 신경 기능은 단 여섯 가지뿐이다. 이 여섯 가지 기능 덕분에 인간은 인간으로서의 특징을 지니며 다른 동물과 구별된다. 대뇌피질이라고 하는 뇌의 한 층이 지니는 이 인간 고유의 능력들은 6세까지 발달한다. 이에 대해 알아보자.

① 오직 인간만이 완전히 직립해 걸을 수 있다.

② 오직 인간만이 추상적, 상징적으로 만들어진 언어를 사용해 말할 수 있다.

③ 오직 인간만이 고유의 손 조작 능력과 운동 능력을 결합시켜 언어(글자)를 쓸 수 있다.

위 세 가지 기술은 운동 본성(표현적인)에 관한 것이며 이후 열거할 감각 본성(수용적인)에 기초한다.

④ 오직 인간만이 추상적, 상징적으로 만들어진 언어를 듣고 이해할 수 있다.

⑤ 오직 인간만이 글자로 쓴 추상적인 언어를 보고 읽을 수 있다.

⑥ 오직 인간만이 촉감만으로 사물을 식별할 수 있다.

6세 아이는 걷고 말하고 쓰고 읽고 말로 하는 언어를 이해하고 촉감으로 사물을 식별하게 되면서 위 기능들을 모두 할 수 있다. 이때부터는 새로운 기능을 추가하는 게 아니라 이러한 인간만의 능력을 확대, 증폭시킨다.

이후 인간의 삶은 대체로 생애 첫 6년 동안 계발된 이 여섯 가지 기능에 의존하기 때문에 삶의 형성기에 존재하는 각 단계에 대해 알아보고 이해하는 일은 몹시 중요하다.

# 생애 첫 6년은 인간 고유의 특성을 발달시키는 결정적 시기다 ✳

태어나면서부터 돌이 될 때까지는 아이의 미래를 위해 필수적인 시기다. 부모는 이 시기에 아이를 먹이고, 씻기고, 따뜻하게 해주는 데 여념이 없지만 동시에 아이의 신경 발달을 심각하게 제한하기도 한다.

이 시기 아이에게 일어나야만 하는 일이 바로 이 책 전체의 주제기도 하다. 이 시기의 아이는 몸을 움직이고 신체적인 탐험을 하고 다양한 경험을 할 기회를 되도록 제한받지 않아야 한다. 그러나 사회와 문화는 이를 용인하지 않는다. 드물기는 하지만 이런 기회가 주어진 아이는 신체적으로나 신경학적으로 월등한 아이로 자란다. 신체적, 신경학적인 관점에서 어떤 어른이 되는가는 다른 어느 시기보다 이 시기에 결정적인 영향을 받는다.

# 돌부터 5세까지, 미래가 결정되는 시기

이 시기는 아이의 미래를 위해 결정적인 시기다. 우리는 이 시기에 아이를 사랑해 주고 다치지 않게 지켜 주고 장난감을 잔뜩 안겨 주며 보육기관에 보낸다. 그리고 전혀 알아채지 못하는 상태에서 최선을 다해 아이의 배움을 방해한다.

이 결정적인 시기에 아이에게 꼭 일어나야 할 일은 경험을 향한 거침없는 갈증을 충족시키는 것이다. 아이는 온갖 형태의 지적 자극 속에 푹 빠져들고 싶어 하지만 그중에서도 특히 언어를 향한 욕구가 가장 크다. 말로 된 언어든 글자로 된 언어든 상관없다. 아이가 읽기를 배워 역사를 통틀어 인간이 글로 쓴 모든 것, 인간 지식의 총합인 보물 창고로 가는 문을 열 수 있게 해 주어야 한다.

다시 돌아오지 않는 이 시기, 만족할 줄 모르는 호기심이 가득한 이 시기에 아이의 모든 지적 능력이 형성된다. 아이의 가능성과 관심사, 능력이 모두 이 시기에 결정된다. 무한한 요인들이 아이가 성인이 되었을 때의 삶에 영향을 미친다. 친구 관계, 사회, 문화는 아이가 평생 종사할 직업이 무엇인가에 영향을 끼칠 수 있고 이러한 요인들 중 일부는 아이가 잠재력을 발휘하는 데 방해가 될 수도 있다.

어른이 제공하는 환경이 인생을 즐기며 생산적으로 살아가는데 필요한 능력을 제한하게 되면, 아이는 이 결정적인 시기에 형성해 놓은 잠재력을 제대로 발휘하지 못하게 된다. 그러므로 아이에게는 지식을 습득할 기회가 적절히 주어져야 한다. 그러면 아이는 이 기회를 다른 모든 것들보다 우선적으로 즐길 것이다.

아이는 본인이 가장 즐거운 방식대로 호기심을 충족하고 있는데, 그 모습을 보고 소중한 어린 시절을 빼앗기며 학습을 강요받고 있다고 생각한다면 우스꽝스러운 착각이다. 그러나 엄마와 함께 책 읽기에 푹 빠져 있는 열정적인 아이의 모습과, 안전 울타리 밖으로 꺼내 달라고 고통에 찬 비명을 지르거나 산더미처럼 쌓여 있는 장난감 더미 사이에서 몹시 따분해 하고 있는 자기 아이의 모습을 비교하는 부모들도 더러 있다. 책을 읽고 있는 아이가 '소중한 어린 시절'을 잃어버리고 있다고 믿으면서 말이다.

이 시기에 무언가를 배우는 것은 필수 불가결한 일이다. 어른들이 배움을 방해하려고 한다면 이는 본성을 방해하는 것과 같다. 게다가 배움은 생존을 위해 꼭 필요한 일이기도 하다.

털실 뭉치 위로 뛰어들며 노는 새끼 고양이는 사실 털실 뭉치를 생쥐의 대용품으로 사용하고 있다. 다른 강아지를 향해 거짓으로 으르렁거리며 노는 강아지는 공격당했을 때 살아남는 법을 배우고 있다. 인간 세계에서 생존은 의사소통 능력에 달려 있으며 이 의사소통의 도구가 바로 언어다. 아이의 놀이에는 새끼 고양이의 놀이처럼 목적이 있으며 그 목적은 단순한 재미보다는 배움에 있다.

모든 형태의 언어를 습득하는 것은 아이의 놀이가 지닌 최고의 목적 중 하나다. 그러니 아이들의 놀이를 그저 재미를 위한 것으로만 바라보지 말고 놀이의 목적을 유심히 살펴보아야만 한다.

이 시기 아이가 무언가를 배워야 하는 이유는 순전히 필요하기 때문이다. 조물주가 아이들이 배움을 사랑하도록 만들었다는 사실이 놀랍지 않은가? 그런데도 부모는 아이의 본성을 심각하게 오해하고 조물주의 의도를 심각하게 방해하고 있으니 참으로 걱정스러운 일이다.

이 시기에 아이의 뇌는 모든 정보를 향해 열려 있는 문과도 같다. 아이는 어떠한 의식적인 노력 없이도 모든 정보를 받아들인다. 그만큼 읽기를 자연스럽게 배울 수 있는 시기이기도 하다. 그러므로 아이에게는 읽기를 배울 기회가 주어져야 한다.

이 시기는 또한 아이가 외국어를 배울 수 있는 시기이기도 하다. 심지어 고등학교나 대학교에서 배우면 실패하기 일쑤인 5개 국어를 배울 수도 있다. 그러므로 아이에게 기회를 주자. 지금이라면 쉽게 배울 수 있지만 나중에 배우면 훨씬 더 어려워지기 때문이다.

이 시기에 아이는 글로 쓴 언어에 관한 기본적인 정보를 접해야 한다. 6세부터 10세 사이에 배우면 훨씬 더 어렵게 배워야 하지만 지금은 보다 빨리, 쉽게 배울 수 있다.

이는 소중한 기회이자 신성한 의무다. 그러므로 부모는 아이에게 모든 기본적인 지식의 수문을 열어 주어야 한다. 이와 같은 기회는 다시는 만날 수 없다.

## 5세에서 6세, 삶의 질이 결정되는 시기

이 시기 역시 아이의 삶에서 매우 중요한 시기다. 이 시기에는 유연하고 융통성 있는 형성기가 사실상 끝나면서 학교생활이 시작된다. 어쩌면 인생의 커다란 상처를 입게 되는 시기가 될 수도 있다. 아무리 오랜 세월이 흘렀다고 해도 자기 인생의 이 시기를 기억하지 못하는 사람이 있을까? 처음 유치원에 들어갔을 때의 경험과 이후 이어지는 1년이라는 시간은 대부분의 어른이 간직하고 있는 가장 이른 기억이다. 그러나 그 기억이 기쁨으로 각인되지 못한 경우도 종종 있다.

아이가 이토록 배움을 열망하고 있는 이 시기가 왜 기쁨으로 충만하지 않은 걸까? 이런 현상을 두고 아이들은 원래 배움을 원하지 않는다고 해석해야 할까? 아니면 부모가 아주 중대한 실수를 저지르고 있다는 표시로 받아들여야 하는 걸까? 만약 부모가 실수를 저지르고 있다면 과연 그것은 무엇일까?

부모는 어쩌면 집을 떠나서 보내는 시간이 거의 없었을 아이를 갑자기 물리적으로나 사회적으로 완전히 새로운 세계에 데려다 놓는다. 5세나 6세의 아이가 이토록 중요한 형성기에 집과 엄마를 그리워하지 않는다면 가정의 행복에 심각한 문제가 있다는 뜻이다. 동시에 우리는 아이에게 집단 규율과 초기 교육의 세계를 소개하기 시작한다.

아이는 이미 오래전부터 배우는 능력을 갖췄지만 판단력은 아직 부족하다. 이로 인해 아이는 갑작스럽게 엄마와 떨어진 데서 느낀 불행과 초기 교육 경험을 연관 짓는다. 그 결과로 아이는 배움에 대한 부정적인 첫인상을 갖게 된다. 이는 인생의 가장 중요한 일로서 배움을 시작하기에 결코 좋은 출발이라고 할 수 없다.

또한 이렇게 함으로써 우리는 교사에게도 심각한 타격을 입힌 셈이다. 수많은 교사가 기쁨과 기대감보다는 무거운 각오를 품고 자신의 의무를 마주하는 것도 그리 이상한 일이 아니다. 교사는 새로운 제자들과 처음 만나는 순간 이미 불리한 입장에 서게 된다.

새 학기 첫날, 새로 입학한 아이들이 배움을 즐기고 사랑하는 마음을 품고 있다면 아이들에게도, 교사에게도, 또 이 세상을 위해서도 얼마나 좋을까? 그럴 수만 있다면 아이는 이제 막 자라기 시작한 읽기와 배움에 대한 사랑으로 엄마와의 분리로부터 입은 심리적인 충격을 최소화할 수 있을 것이다.

아이가 아주 어린 나이에 배움의 즐거움을 알게 되면 이 즐거움은 학교를 향한 사랑으로도 번지게 된다. 이런 아이들은 몸이 안 좋으면 결석을 하고 집에 있기가 싫어 오히려 엄마에게 아픈 것을 들키지 않으려고(보통은 성공하지 못하지만) 애쓴다. 우리가 어린 시절 종종 학교에 가기 싫어 꾀병을 부렸던 것을(보통은 성공하지 못하지만) 생각하면 얼마나 반가운 변화인가?

이와 같은 기본적인 요소들을 전혀 알지 못한 상태에서 어른들은 심리학적으로 볼 때 몹시도 나쁜 행동을 저질러 왔다. 교육이라는 관점에서 6세 아동은 읽기를 배우기 시작하지만, 자신의 관심사와 지식, 능력에 비추어 볼 때 훨씬 더 낮은 수준의 사소한 내용을 읽고 있다.

흔히 6세에서 14세 사이에 접하게 되는 자료들은 이미 5세에서 6세 사이의 중요한 시기에 충분히 즐겼어야 옳다. 물론 이전 시기에 이미 적절한 교육이 주어졌다는 전제 아래 말이다.

이런 경우 결과는 광범위하게 좋을 것임이 분명하다. 우리가 모르는 게 약이요, 아는 게 병이라는 전제, 다시 말해 아이가 장난감을 가지고 놀아야 행복한 것이요, 언어와 이 세상에 대해 배우면 불행한 것이라는 전제를 인정하지만 않는다면 말이다.

뇌를 정보로 채우는 것은 뇌를 다 써 버리는 행위고 오히려 비워 두는 게 보호하는 일이라고 한다면 참으로 어리석은 생각이다. 뇌 속에 금방이라도 쉽게 꺼내 사용할 수 있는 유익한 정보를 가득 쟁여 놓은 사람은 천재 소리를 듣지만, 뇌에 정보가 전혀 없이 텅 비어 있는 사람은 바보 소리를 듣는다.

# 어린아이의 언어 습득 능력은
# 상상을 초월한다

✳

배움에 대한 이 조용한 혁명이 시작되었을 당시만 해도 우리는 새로운 기회를 부여받은 아이들이 어떤 결과를 보여 줄지에 대해 다만 꿈만 꿀 뿐이었다. 그러던 중 1994년 닐 하비Neil Harvey 박사가 《앞서 시작한 아이들이 언제나 앞선다Kids Who Start Ahead Stay Ahead》라는 책을 통해, 조기교육을 받은 314명의 아이들이 학교에 들어갔을 때 지적으로, 신체적으로, 사회적으로 어떤 결과를 보여 주었는가에 대한 연구 결과를 발표했다. 생후부터 4세까지의 미취학 아동기에 이 아이들은 읽기와 수학, 신체 활동, 사회적인 예의범절, 다양한 범위의 일반 상식 등을 배웠다. 이후 학교에 들어갔을 때 이 아이들의 35퍼센트는 '영재' 판정을 받았다. 그밖에 다른 아이들도 거의 모든 분야에서 두드러진 성적을 보여 주었다.

그동안 우리가 얼마나 많은 아이를 배우지 못하게 막아왔는가를 생각해 보면, 아이들이 배움의 자질을 타고났으며 또 마땅히 배워야 한다는 사실을 제대로 파악하지 못한 어른들이 얼마나 어리석었는지 알 수 있다. 그러나 이와 같은 어른의 방해에도 불구하고 아이들은 배움에 성공해 왔고, 그 자체로 아이들은 배움의 자질을 증명해 온 것이다.

신생아는 텅 빈 컴퓨터와 같다. 물론 거의 모든 면에서 컴퓨터보다 훨씬 더 우월하다. 텅 빈 컴퓨터는 어마어마한 양의 정보를 별다른 어려움 없이 받아들일 수 있다. 어린아이도 마찬가지다. 컴퓨터는 이렇게 받아들인 정보를 분류하고 체계화한다. 아이들도 그렇다. 컴퓨터는 이러한 정보를 영구적으로 혹은 임시로 저장할 수 있다. 아이들도 마찬가지다. 질문의 기반이 되는 기본 정보를 입력하지 않는다면 컴퓨터는 정확한 답을 가르쳐 주지 않는다. 아이들 역시 그렇게 할 수 없다. 컴퓨터에 충분한 기본 정보를 입력하면 정확한 답과 심지어 판단까지 받을 수 있다. 아이들도 그렇게 할 수 있다. 컴퓨터는 당신이 입력하는 모든 정보를 받아들인다. 정보가 정확하거나 정확하지 않거나 상관없이 말이다. 아이들도 마찬가지다. 컴퓨터는 정확한 형태로 들어오기만 하면 어떤 정보도 거부하지 않는다. 아이들도 마찬가지다. 만약 컴퓨터에 정확하지 않은 정보가 들어오면 이 정보에 기초한 답은 틀리게 된다. 아이들도 마찬가지다.

그러나 컴퓨터와 아이 사이에는 앞서 나열한 공통점을 상쇄할 정도로 중대한 차이점이 하나 있다. 만약 컴퓨터에 정확하지 않은 정보를 입력했다면 기계를 초기화하고 프로그램을 다시 설치할 수 있다. 반면 아이들의 경우는 그렇지 않다.

아이의 뇌에 영구적으로 저장된 기본 정보에는 두 가지 제한이 있다. 첫째, 우리가 아이의 출생 후 첫 6년 동안 잘못된 정보를 입력하면 이를 지우기는 극도로 어렵다. 둘째, 6세가 지난 아이는 새로운 정보를 전보다 느리게 그리고 훨씬 더 어렵게 흡수한다.

'포인트point'를 '펀트pernt'라고 말하는 브루클린 아이, '히어here'를 '허어heah'라고 말하는 조지아 아이, '아이디어idea'를 '아이디얼idear'이라고 말하는 매사추세츠주 아이가 있다고 생각해 보자. 이러한 지역별 발음 차이가 여행이나 교육으로 교정되는 경우는 거의 없다. 이후의 교육을 통해 생애 첫 6년 동안 배운 기본 사항들을 정교하게 덮어 준다고 해도 큰 스트레스를 겪는 시기가 오면 그 겉모습은 씻겨 나갈 것이다.

몹시 아름답지만 교육을 제대로 받지 못한 한 쇼걸이 부유한 남자와 결혼을 했다. 남자는 아내를 교육시키기 위해 고군분투했고 결과는 꽤 성공적으로 보였다. 몇 년 뒤 교양 있는 숙녀로 거듭난 여자가 우아한 자태로 마차에서 내리는데 엄청난 고가의 진주 목걸이가 마차에 엉키는 바람에 그만 진주알이 사방으로 흩어져 버렸다. 숙녀는 엉겁결에 이렇게 소리쳤다.

"아이씨, 빌어먹을! 내 진주!"

생애 첫 6년 동안 아이의 뇌에 저장된 것들은 아마도 그곳에 그대로 남아 있을 것이다. 그러므로 부모는 아이가 양질의 정확한 정보를 흡수할 수 있도록 노력해야 한다.

이런 말이 있다.

"아이를 생애 첫 6년 동안 내게 보내 주시오. 그러면 아이가 커서 어떤 사람이 될지 내가 결정할 수 있소."

정말로 맞는 말이다.


## 어린아이는 언어를 배우는 데 천부적인 재능이 있다

어린아이들은 실제로 이해하지 못하는 내용도 쉽게 외울 수 있다.

얼마 전, 개가 큰 소리로 짖고 있고 라디오에서는 큰 소리로 음악이 흘러나오고 가족 사이에는 말싸움이 절정을 향해 치닫고 있는 와중에 부엌에서 책을 읽고 있는 7세 아이를 본 적이 있다. 이 아이는 다음 날 학교에서 암송해야 할 시를 외우고 있었고, 결국

다 외웠다.

만약 어떤 어른에게 내일까지 사람들 앞에서 암송할 시를 오늘 당장 배워 보라고 한다면 그는 아마 패닉 상태에 빠질 것이다. 어찌어찌하여 성공한다고 해도 6개월 후에 다시 암송해 보라고 하면 그는 아마 성공하지 못할 가능성이 크다. 그러나 그런 어른도 어린 시절 외웠던 시는 아직도 기억하고 있을 것이다.

엄청나게 중요한 이 시기에 아이는 주어진 모든 자료를 흡수하고 기억할 수 있다. 특히 언어를 배우는 능력이 뛰어나기에 청각적으로 배우는 음성언어인가 시각적으로 배우는 문자언어인가는 크게 중요하지 않다.

앞서 지적했듯이 하루하루가 지날수록 별다른 노력 없이 정보를 받아들이는 능력은 감퇴되지만 판단력은 향상된다. 그리고 어느 순간이 되면 이 하강 곡선과 상승 곡선은 서로 교차한다.

양 곡선이 만나기 전의 어린아이는 어떤 면에서는 실제로 어른들보다 월등하다. 그 가운데 하나가 바로 언어를 배우는 능력이다. 이 특별하고 월등한 언어 습득 능력을 들여다보자.

나는 청소년기와 청년기에 걸친 4년 동안 프랑스어를 배우려고 했던 적이 있다. 프랑스에도 두 번이나 다녀왔지만 지금의 나는 사실상 프랑스어를 할 줄 모른다고 말하는 편이 오히려 정확하다. 그러나 일반적인 프랑스 아이들은 6세가 되기 전에 기본적인 문법 규칙을 모두 활용해 프랑스어를 잘할 수 있게 된다. 조금은 자존심이 상하는 이야기다.

언뜻 보면 차이는 아이인지 어른인지가 아니라 '프랑스에서 태어나 프랑스어에 지속적으로 노출되어 있었는지'에 기인하는 것 같다. 그렇다면 언어에 대한 노출 정도 때문인지, 혹은 어른과 아이 간에 언어를 배울 수 있는 능력의 차이 때문인지를 한번 살펴보자.


## 나이가 어릴수록 언어 습득 능력도 뛰어나다

수만 명에 달하는 미군 장교가 해외에 파견되어 새로운 언어를 배우려고 노력해 왔다. 존 스미스 소령을 예로 들어 보자. 스미스 소령은 30세의 신체 건강한 남성이다. 대학을 졸업했으며 지능지수가 평균치보다 최소한 15점은 높다. 스미스 소령은 독일로 파견되었다.

스미스 소령은 독일어 학교에 갔고 일주일에 사흘 저녁을 출석했다. 군대 내부에 있는 언어 학교는 성인들을 위한 수준 높은 교육기관으로서 최고의 강사진이 언어를 체계적으로 가르쳤다.

스미스 소령은 독일어를 배우기 위해 정말로 열심히 공부했다. 경력에도 중요한 일이었지만 독일에서는 독일어를 사용하는 사람들과 의사소통을 해야 했기 때문이었다.

1년 뒤, 소령의 가족이 5세 아들과 함께 쇼핑을 나갈 때면 대부분의 통역은 그의 아들이 맡았다. 아이는 독일어를 상당히 잘했고 스미스 소령은 잘하지 못한다는 게 이유였다. 도대체 어떻게 된 일일까? 군대가 발굴해 낸 최고의 독일어 강사들에게 독일어를 배운 아빠는 정작 독일어를 하지 못하고 5살 된 아이는 독일어를 잘한다니!

대체 아이는 누구에게 독일어를 배웠을까? 사실 가르쳐 준 사람은 따로 없었다. 다만 아이는 독일어를 하는 가정부와 낮 동안 함께 집에 있었을 뿐이다. 그럼 이 가정부는 누구에게 독일어를 배웠을까? 아무도 가르쳐 주지 않았다.

아빠는 독일어를 배웠지만 말하지 못한다. 아이는 독일어를 배우지 않았지만 말할 수 있다. 두 사람의 차이를 두고 여전히 '아이의 특별한 언어 습득 능력'과 '어른의 상대적인 무능력' 때문이 아니라 스미스 소령과 아들이 처한 환경의 차이라고 믿는 함정에 빠지지 않기 위해, 같은 가정부와 함께 같은 집에 살고 있는 스미스 부인을 재빨리 살펴보자. 스미스 부인은 스미스 소령 정도밖에 독일어를 하지 못했고 아들과 비교하면 독일어 수준이 훨씬 더 형편없었다.

만약 스미스 가족이 독일에 갔을 때 자식이 여러 명이었다면 독일어 유창성은 가족 구성원의 나이와 반비례했을 것이다. 3세 아이가 있었다면 독일어를 가장 많이 배웠을 것이고, 5세 아이가 있었다면 독일어를 상당히 많이 배웠을지라도 3세 아이만큼은 아닐 것이다. 10세 아이가 있었다면 독일어를 많이 배웠을지라도 5세 아이만큼은 아닐 것이다. 마찬가지로 15세 아이가 있었다면 독일어를 조금 배웠을지라도 금세 잊어버렸을 것이다. 그리고 가엾은 스미스 소령과 스미스 부인은 독일어를 거의 배우지 못했을 것이다. 어린 시절 언어를 배울 수 있는 이 특별한 능력을 제때 사용하지 않는다면 이는 낭비며 슬픈 일이 아닐까?

주어진 예시는 결코 예외적인 사례가 아니라 보편적으로 적용되는 사실이다. 이와 비슷한 환경에서 프랑스어나 스페인어, 독일어, 일본어 등을 배운 아이들의 예를 우리는 많이 들어 알고 있다.

여기서 다시 한번 지적하고 싶은 점은 언어를 배울 수 있는 아이의 타고난 능력보다 오히려 외국어를 배울 때 어른들이 보이는 무능력이다. 미국 내 고등학교와 대학교에서 언어를 배울 능력이 거의 안 되는 젊은이들에게 언어를 가르치는 헛수고를 들이기 위해 연간 수백만 달러를 낭비하고 있다는 사실을 생각하면 얼핏 오싹하기까지 하다.

독자들 역시 고등학교나 대학교에서 외국어를 '정말로' 배웠는지 한번 생각해 보길 바란다. 대학교에서 4년간 프랑스어를 배운 덕분에 프랑스 현지에서 식당 종업원에게 어렵사리 물을 한 잔 청하는 데 성공했는가? 그럼 이제 냉수를 한 잔 달라고 말해 보자. 이 말 한마디 하는 데도 4년간의 힘들었던 프랑스어 교육은 도움이 되지 않았다는 것을 충분히 느꼈을 것이다. 그러나 어린 아이들에게 4년이란 충분하고도 남는 시간이다.

어린아이는 전혀 열등하지 않으며 키가 작은 어른과 같다. 어떤 면에서는 진짜 어른들보다 더 월등하며 그중에서도 특히 언어를 흡수하는 능력은 신비에 가깝다. 그리고 우리는 그동안 이 기적과도 같은 능력을 별생각 없이 받아들여 왔다.

일반적인 아이라면 누구나 1세부터 5세 사이에 사실상 총체적인 언어를 배운다. 아이는 언어를 배울 때 제 국가, 제 동네, 제 가족의 정확한 억양도 함께 배운다. 두드러진 노력 없이도 들려오는 대로 정확하게 배운다. 이런 일을 또다시 해내는 사람이 누가 있겠는가?

이게 다가 아니다. 가정에서 두 가지 언어를 사용하는 환경이라면 아이는 6세가 되기 전에 두 가지 언어를 배운다. 부모가 해당 언어를 배웠던 지역의 정확한 억양도 함께 배운다. 만약 이탈리아 출신 부모와 함께 사는 미국 아이가 커서 진짜 이탈리아 사람을 만나 대화를 나눈다면, 그리고 만약 아이의 부모가 밀라노

출신이라면 상대방은 이렇게 말할 것이다.

"아, 당신은 밀라노 출신이군요. 억양을 들으니 알 수 있겠네요."

이 이탈리아계 미국인이 사실상 미국 밖으로 나가 본 적이 전혀 없어도 이런 일이 벌어질 수 있다.

가정에서 세 가지 언어를 사용하는 환경이라면 아이는 6세가 되기 전에 세 가지 언어를 배운다. 언젠가 브라질에서 평균 지능을 지닌 9세 남자아이가 9개 국어를 다소 유창하게 이해하고 읽고 쓰는 것을 본 적이 있다. 아비 록산느는 카이로에서 태어났고 (프랑스어, 아랍어, 영어) 할아버지(터키어)와 함께 살았다. 4세 때 가족은 아비의 친할머니(스페인어)가 살고 있는 이스라엘로 이사를 갔다. 이스라엘에서 아비는 세 가지 언어(히브리어, 독일어, 이디시어)를 더 배웠고 6세가 되었을 때 다시 브라질(포르투갈어)로 이사했다.

그동안 부모는 아비처럼 많은 언어로 대화를 나눴고 아비는 가족들과 9개의 언어를 섞어 가며 현명하게 대화를 나눴다. 아비의 부모 역시 어린 시절 5개의 언어를 배웠기 때문에 평균적인 어른들에 비하면 언어 수준이 상당히 능숙했지만, 영어나 포르투갈어는 어른이 되어서 배웠기 때문에 아비만큼 능숙하게 하지는 못했다.

# 이미 오래전부터 읽기의 중요성을 깨우친 부모들이 있었다

✳

우리는 지금까지, 일반적으로는 놀랍게 여겨졌던 일(어린아이에게 읽기를 가르치는 것)을 아주 어린 자녀에게 실행하기로 결심했을 때 부모에게 어떤 일이 벌어졌는지를 면밀히 기록한 자료들이 많다는 점을 계속해서 살펴보았다. 그 가운데 또 하나는 바로 위니프레드 색빌 스토너Winifred Sackville Stoner가 어린 위니프레드를 가르친 과정을 기록한 《자연스러운 교육Natural Education》이다. 이 어머니는 아이의 출생 직후부터 아이를 격려하고 특별한 배움의 기회를 주기 시작했다. 지금은 5세가 된 위니프레드가 음성언어적으로 어떤 능력을 보였는지 스토너 부인이 언급한 부분을 살펴보기로 하자.

"위니프레드가 알고 싶어 하는 것을 모두 알 수 있게 되자마자, 대화를 통해 그리고 영어를 가르칠 때 사용했던 것과 같은 직접적인 방법을 통해 스페인어를 가르치기 시작했다. 두 번째 언어로 스페인어를 선택한 이유는 유럽의 언어 중에서 가장 단순하기 때문이었다. 위니프레드는 다섯 번째 생일을 맞았을 때 이미 여덟 가지 언어로 자신의 생각을 표현할 수 있었다. 좀 더 다양한 언어로 단어 구축 게임을 계속해 나갔더라면 지금쯤 아이가 구사할 수 있는 언어의 수는 지금의 두 배가 되었을 것이다. 그러나 당시 나는 에스페란토어가 국제적인 의사소통 매개체가 되리라 생각했고 언어적인 능력을 개발하는 것과 별개로 수많은 언어를 아는 것은 어린 딸에게 그다지 큰 도움이 되지는 않을 거라고 판단했다.

50년 동안 라틴어를 가르쳐 온 한 라틴어 교수는, 사실상 라틴어 회화는 잘 몰랐다. 딸아이가 네 살 때 'Quid agis?(안녕하세요?)'라고 라틴어로 인사를 했는데 이 교수는 무슨 말인지 알아듣지 못했고 아이가 자리에 앉아 'ab ovo usque ad mala(처음부터 끝까지)' 수업에 대해 이야기하는 동안에도 멍하니 아이의 얼굴만 바라보았다. 이후 아이는 일부 라틴어 교수들의 지혜에 관한 믿음을 잃었다."

아이들이 음성언어를 배우는 능력이 뛰어나다는 사실을 잊지 않았다면, 말로 하는 언어와 글로 하는 언어를 이해하는 과정은 정확히 똑같다는 사실을 다시 한번 강조하고 싶다.

이제 어린아이에게 언어를 읽을 수 있는 고유한 능력을 갖출 수 있게 해 주어야 한다는 생각이 자연스럽게 떠오르지 않는가? 기회만 주어진다면 아이들은 곧바로 자신의 능력을 증명해 보일 것이다. 머지않아 우리는 본보기를 목격하게 될 것이다.

## 우리의 연구 사례는 처음이 아니다

개인이나 집단을 향해 새롭고 중요한 사실을 소개하려면 집단 앞에서 그 생각을 공표하고 전파하기 전에 반드시 거쳐야 할 몇 가지 과정이 있다.

첫째, 이 생각이 결과적으로 어떤 영향을 미칠지 알아보기 위해 실생활에서 검증을 거쳐야 한다. 결과가 가져오는 효과는 좋을 수도 나쁠 수도, 혹은 별다른 차이가 없을 수도 있다.

둘째, 이 개념이 아무리 새롭게 보이더라도 누군가는 어디에선가 이미 이런 생각을 떠올리고 사용하고 있을지도 모른다. 또 누군가는 자신이 발견해 낸 것들을 이미 발표했을 수도 있다.

그러므로 새로운 생각을 표현하고자 하는 사람은 가능한 모든 자료를 세심하게 살펴보고 누군가가 이미 이 주제를 언급한 일이 있었는지 확인해야 한다. 이는 특권일 뿐만 아니라 의무기도 하다. 제 생각이 완벽하게 새로운 것처럼 보일지라도 반드시 거쳐야 할 과정이다.

1959년에서 1962년 사이 우리 팀은 이미 미국 안팎에서 어린아이들을 대상으로 읽기를 가르치는 일에 관한 연구를 진행하는 이들이 존재한다는 사실을 파악하고 있었다. 또 이들이 진행하고 있는 연구의 내용과 언급한 사항들 역시 대략적으로 알고 있었다. 우리는 그들의 연구 내용 중 상당 부분에 동의하고 있었고 연구 자체가 좋은 일임을 확신하고 있었지만, 읽기를 배우는 것이 심리학이나 정서, 교육의 측면보다는 신경학에 관련한 것이라는 믿음을 갖고 있었다.

이 주제에 관해 언급하고 있는 온갖 자료를 집중적으로 연구하기 시작하면서 우리는 다음 네 가지 사실에 깊은 인상을 받았다.

① 어린아이에게 읽기를 가르치는 것은 역사상 그렇게 새로운 일이 아니며 이미 수백 년 전부터 시작되었다.
② 서로 다른 세대에 속한 사람들이 서로 다른 이유와 철학을 지녔으면서도 종종 같은 일을 도모할 때가 있다.
③ 어린아이에게 읽기를 가르치기로 결심한 사람들이 사용한 체계를 보면 기술적인 측면은 다소 다르지만 상당히 많은 요소를 공통적으로 지니고

있다.

④ 가장 중요한 사실은, 가정에서 어린아이에게 읽기를 가르친 경우 어떤 방법을 썼는가에 관계없이 누구나 성공을 거두었다는 점이다.

수많은 사례가 세밀하게 관찰되었고 또 자세히 기록되었다. 그중 가장 정확하게 기록된 자료가 앞에서 언급한 어린 위니프레드의 경우다. 스토너 부인은 우리가 이미 알고 있는 신경학적인 지식에 대해서는 거의 알지 못했지만, 우리 연구소에서 실시한 교육 프로그램과 매우 유사한 결론에 도달했다.

《자연스러운 교육》에서 스토너 부인은 이렇게 쓰고 있다.

"아이가 6개월이 되었을 때 놀이방 벽을 따라 높이 1.2미터 지점에 흰색 판지로 띠를 만들어 붙였다. 한쪽 벽에는 반짝이는 빨간색 종이로 알파벳 글자들을 오려 붙여 놓았다. 또 다른 벽에는 빨간색 알파벳으로 'bat, cat, hat, mat, rat, bog, dog, hog, log'와 같은 간단한 단어들을 줄지어 붙여 놓았다. 눈치를 챘겠지만 오직 명사만 붙였다.

위니프레드가 알파벳 글자를 모두 배우게 되자 이제 벽에 붙어 있는 단어들을 하나하나 가르치기 시작했다. 철자를 하나하나 읽어 주고 각 단어로 라임을 만들어 가면서 말이다."

"단어 쌓기 놀이를 하고 책을 읽어 주면서 위니프레드의 머리에 인상을 새겨 주었더니 따로 읽기 수업을 하지 않았는데도 아이는 16개월이 되자 저절로 읽기를 배우게 되었다. 나의 친구들에게도 이 방법을 권해 보았는데, 네 명 모두 같은 방법으로 성공을 거두었다. 이런 방식으로 배운 아이들은 모두 3세가 되기도 전에 간단한 문장을 읽을 수 있게 되었다."

## 글자를 읽는다는 것, 아이에게는 즐거움이다

위니프레드와 스토너 부인 주변의 아이들이 읽기를 배운 과정은 결코 특이한 사례가 아니다.

1918년에도 비슷한 사례가 보고된 적이 있다. 마사(때로는 밀리라고도 부른다)라는 아이가 변호사인 아버지로부터 19개월에 읽기를 배운 사례다.

마사는 유명한 교육가인 루이스 M. 터먼Lewis M. Terman과 가까이 살고 있었다. 터먼은 마사에게 읽기를 가르치는 데 성공한 마사 아버지의 이야기에 크게 놀랐고 그동안의 일을 자세히 설명하는 글을 써 보라고 권했다. 당시 마사 아버지가 쓴 일종의 보고서는 터먼의 소개 글과 함께 〈응용심리학 저널Journal of Applied Psychology Vol. II〉에 실렸다.

우연찮게도 마사의 아버지 역시 위니프레드의 어머니처럼 글자를 빨간색으로 커다랗게 쓰는 방식으로 마사를 가르쳤다.

《천재성의 유전학적 연구 및 영재 아동 천 명의 정신적, 신체적 특성Genetic Studies of Genius Volume I: Mental and Physical Traits of a Thousand Gifted Children》이라는 책에서 터먼은 다음과 같이 썼다.

"이 아이는 조기 읽기 분야에서 세계기록을 보유하고 있을 것이다. 26개월 반의 나이에 700개가 넘는 단어를 읽을 수 있었기 때문이다. 이 아이는 21개월에 이미 개별 단어를 뛰어넘어 단순한 문장을 읽고 이해할 수 있었다. 이 무렵 아이는 주요 색깔을 모두 구별하고 그 이름을 말할 수 있었다. 23개월이 되자 읽을 때의 뚜렷한 즐거움을 경험하기 시작했다. 24개월이 되자 읽을 수 있는 단어가 200개 이상이 되었고 그로부터 2개월 반 후에는 700개로 늘어났다.

25개월이 되자 유창하게 읽을 수 있게 되었고 전에는 한 번도 본 적이 없는 첫걸음 읽기 책과 유아용 읽기 책에 나오는 표현을 사용해 우리에게 말을 하기도 했다. 그 무렵 아이의 읽기 능력은 적어도 1년 동안 학교를 다닌 7세 아동의 평균 읽기 능력과 같았다."

필라델피아에 위치한 인간잠재력개발연구소는 뇌손상을 입은 아이들도 읽기를 잘 배울 수 있다는 사실을 발견했다. 뇌손상 아동이 그렇지 않은 아이들보다 더 우월하다는 말을 하고자 하는 게 아니다. 다만 어린아이들도 읽기를 배울 수 있다는 사실을 보여 주고자 할 뿐이다.

그러므로 우리 어른들은 정말로 아이들이 어린 나이에 읽기를 배울 수 있도록 허락해 주어야 한다. 다른 이유는 없다. 아이들이 무척이나 즐거워하기 때문이다.

# 부모의 가르침은 아이의 스스로 배우는 능력을 가속화한다

　　　　　　　　　　　　　　　　　　　　　　✳

1962년 11월, 아동 신경 발달에 관심이 있는 교육가, 내과의, 기타 관계자들이 모인 자리에서 어느 주의 교육감이 다음과 같은 이야기를 들려주었다.

　그는 35년 동안 교육 현장에 있었다. 2주 전, 한 유치원 교사가 5세 아동들에게 책을 한 권 읽어 주려고 하는데 어떤 아이가 손을 들더니 자기가 한번 읽어 보겠다고 했다고 한다. 교사는 '이 책은 5세 아이들이 한 번도 읽어 본 적이 없는 새 책'이라고 말해 주었지만 그래도 아이는 읽어 보겠다고 고집을 피웠다. 교사는 아이를 단념시키는 가장 쉬운 방법이라고 생각해 한번 읽어 보라고 책을 건네주었다. 그런데 아이는 정말로 책을 읽어 냈다. 그 것도 반 아이들 앞에서 큰 소리로, 책 전체 내용을 아주 정확하고 쉽게 읽어 내려갔다.

이 교육감은 교육자로서 생활하며 지난 32년 동안은 책을 읽을 수 있는 5세 아동을 실제로 본 적이 한 번도 없었다. 그런데 최근 3년간은 어린 나이에 책을 읽을 수 있는 아이가 모든 유치원마다 적어도 한 명 정도는 있더라고 강조했다.

지난 32년 동안은 찾아보기 힘든 사례였던 '책을 읽을 수 있는 5세 아동'이 최근 3년 동안은 모든 유치원마다 적어도 한 명 이상은 존재하게 되었다니? 교육감은 이 아이들에게 읽기를 가르친 사람이 누구인지 알아보기 위해 모든 사례를 조사했다.

"이 아이들은 모두 누구에게서 읽기를 배웠을까요?" 교육감이 토론의 사회자인 어느 아동발달학자에게 물었다.

"알 것 같습니다. 아마 누구도 가르쳐 주지 않았을 겁니다." 아동발달학자가 대답했다.

교육감은 동의의 뜻으로 고개를 끄덕였다.


## 아이들은 주위의 모든 환경에서 언어를 배운다

아이들이 말로 하는 언어를 특정인에게 배우지 않고도 저절로 이해하게 되듯이, 위 아이들 역시 어떤 면에서 보면 그 누구에게도 따로 읽기를 배우지 않았다. 넓은 의미에서는 이 아이들이 자신이 처한 환경을 포함해 모든 이들에게 읽기를 배웠다고도 말할 수 있다. 아이 주변의 환경이 아이에게 말로 하는 언어를 자연스럽게 가르쳐 주었던 것처럼 말이다.

오늘날 텔레비전은 모든 아이들이 일상적으로 접하는 보편적인 환경에 속한다. 즉, 읽을 수 있게 된 유치원 아이들의 삶에 추가된 주요 요소가 바로 텔레비전이라는 뜻이다.

큼직하고 뚜렷한 글자와 크고 뚜렷한 발음으로 전달되는 텔레비전 광고를 보고 아이들은 무의식적으로 읽기를 배우기 시작한다. 또 실제로 무슨 일이 벌어지고 있는지 전혀 알지 못하는 어른들에게 질문을 던지고 대답을 들으며 읽기 능력을 확장시켰다. 부모가 그저 아이를 재미있게 해 주기 위해 책을 읽어 주기만 해도 아이들은 읽을 수 있는 단어의 목록을 경이로운 속도로 늘려 간다.

만약 부모가 아이에게 실제로 벌어지는 일이 무엇인지 알게 된다면 기쁜 마음으로 아이의 배움을 도와줄 것이다. 이러한 이유로, 초등학교에 진학하기 전부터 읽기를 배우면 어떤 식으로든 아이에게 안 좋은 영향을 끼칠 것이라는 주변의 부정적인 의견에 굴하지 않고 아이의 읽기를 도와준 부모들이 있다.

# 어린아이의
# 읽기 능력에 관한 증거들

우리 연구소가 연구 내용을 대중에게 발표한 것은 1963년 중반
의 일이지만 그 이전에도 연구소를 방문한 수백 명의 전문가와
대학원생 들은 우리의 연구 주제, 즉 아주 어린 아이들에게 읽기
를 가르치는 일에 관심을 기울이고 있다는 사실을 알고 있었다.

　그뿐만 아니라 연구소의 지도하에 뇌손상을 입은 자녀에게 단
계별로 읽기를 가르치고 있는 부모들이 이미 400명이 넘었다. 이
들의 자녀인 뇌손상 아동 가운데 100여 명은 1세에서 5세 사이였
고 나머지 100여 명은 6세 이상이었다.

　어쩔 수 없이 우리가 진행하고 있는 연구에 관한 소문이 퍼져
나갔다. 1963년이 밝아 오자 연구소에는 수백 통의 편지가 도착
했다. 1963년, 전국적으로 판매되는 한 잡지에 기사가 실리자 편

지는 수천 통으로 늘어났다.

미국 전역과 그밖의 나라들에서 수많은 부모가 편지를 보내왔다. 2세 혹은 3세 자녀에게 읽기를 가르친 부모들의 사례를 접하고 우리 역시 기쁘고 고마웠다. 이미 15년 전에 읽기를 가르친 사례도 있었다. 이렇게 배운 수많은 아이가 지금은 벌써 대학에 진학했거나 졸업했다. 당시 받은 편지들은 어린아이의 읽기 능력에 관한 새로운 증거가 되어 주었다.

우리가 받은 편지를 일부 소개한다.

"17년 전 제가 아이에게 읽기를 가르쳤다는 걸 알면 선생님도 꽤 흥미를 보이실 거라고 생각합니다. 사실 저는 딱히 체계적인 방식으로 가르치지도 않았고, 당시에는 그게 몹시 이례적인 일이라고 생각하지도 않았습니다. 그저 제가 좋아하는 책들을 아이가 아주 어렸을 때부터 읽어 주었을 뿐입니다. 그러다 제가 몇 달동안 건강이 심각하게 안 좋아졌고 2세 6개월이 된 아이와 함께할 수 있는 좀 더 비활동적인 일을 찾아야만 했습니다.

우리는 5~7센티미터 높이의 종이에 간단한 단어를 쓴 카드를 만들어서 가지고 놀았습니다. 아이는 글자에 큰 관심을 보였고 우리가 함께 읽었던 책 속에서 일치하는 글자를 찾아내는 놀이를 무척 좋아했습니다. 또 허공에 대고 글자를 쓰는 시늉을 하면서 일부 글자를 배우기도 했답니다.

　아이는 유치원에 들어가기도 전에 신문에서 화재에 관한 기사를 찾아내 겁을 먹을 정도로 글을 잘 읽을 수 있게 되었습니다. 읽기 연습용 책들은 일찌감치 건너뛰었지요.

　이제 아이는 좋은 대학에서 우수한 학생으로 공부하고 있습니다. 사회적으로나 신체적으로나 뛰어나며 여러 특기와 취미 활동도 왕성하게 하고 있습니다. 지금 우리 아이의 모습은 3세가 되기도 전에 글을 읽을 수 있었던 아이의 미래랍니다."


"제 딸의 경우를 봐도 확실히 알 수 있습니다. 이제 15세가 된 아이는 고등학교 2학년에 재학 중인데, 초등학교 1학년 때부터 A학점을 놓친 적이 없답니다. 성격도 좋아 선생님들과 급우들의 사랑도 받고 있습니다.

　남편은 제1차 세계대전에 참전했던 상이군인입니다. 저희 부부는 둘 다 좋은 직업을 가질 만큼 교육을 많이 받지 못했습니다. 남편은 5학년까지, 저는 중학교 2학년까지 다녔지요. 우리는 여기저기를 떠돌며 집집마다 작은 물건을 팔아 생계를 꾸려 갔습니다. 후에 우리는 5미터 길이의 트레일러 집을 구입했습니다. 딸아이는 그 트레일러 안에서 컸지요.

　아이가 10개월이 되었을 때 처음으로 책을 사 주었습니다. 그

책은 ABC책이었는데 'A는 Apple' 식으로 알파벳과 대표적인 단어가 짝을 이루는 책이었습니다. 6개월 뒤 딸아이는 책 속의 물건을 모두 알게 되었고 이름도 말할 수 있게 되었습니다. 2세가 되자 좀 더 큰 ABC책과 다른 책을 함께 사 주었습니다. 우리는 이동하는 시간에 아이를 가르쳤습니다. 그러다가 낯선 도시에 머물게 되면 아이에게 갖고 놀 거리를 주어야 했지요. 제가 장사를 하고 있으면 남편이 아이를 돌봐 주었는데, 딸아이는 항상 길거리 간판에 무엇이 쓰여 있는지를 알고 싶어 했고 그때마다 남편은 알려 주었습니다.

아이에게 따로 알파벳을 가르친 적은 없습니다. 알파벳은 학교에 가서 배웠지요. 6세가 되어 학교에 입학했는데 당시 아이는 A로 시작하는 단어를 찾아내는 데 전혀 어려움을 느끼지 않았습니다.

아, 제 가족은 지금도 10미터 길이의 트레일러 집에 살고 있습니다. 한쪽 구석에는 아이의 책이 있지요. 이건 우스갯소리지만, 우리 동네 시립 도서관은 아이 덕분에 책이 동날 지경이랍니다.

말이 길어졌지요? 어느 정도는 허풍처럼 들릴 거예요. 하지만 자랑을 늘어놓으려고 쓴 편지는 아닙니다. 젊은 부모들이 시간을 낼 수만 있다면, 그리고 기회를 준다면 우리 딸이 해낸 일을 다른 수많은 아이도 해낼 수 있다는 걸 말하고 싶습니다. 아이가

6세가 되었을 때 갑자기 학교에 집어넣고 재빨리 무언가를 배워 나가기를 기대해서는 안 됩니다. 아이 때부터 다져온 작은 기초가 없이 말입니다.

제 편지가 젊은 부모들에게 조금이라도 도움이 되기를 바랍니다. 편지를 책에 실어 주셔도 좋지만 그렇지 않아도 괜찮습니다. 그저 여러분이 '아이에게도 읽기를 가르칠 수 있다'라는 저의 믿음을 알아 주시기를 바랄 뿐입니다."

"저처럼 많이 배우지도 못했고 전문가도 아닌 사람조차 이런 일을 할 수 있다는 것을 여러분께 알려 드리고 싶습니다.

제 큰아이는 18개월이 되기도 전에 우연히 알파벳을 배우게 되었습니다. 아이가 3세가 되자 거리의 간판이 무슨 뜻인지 물어보곤 했습니다. 유치원에 들어가기 전에는 질문할 때를 제외하고는 제 도움 없이도 읽기를 할 수 있게 되었습니다. 현재 초등학교 1학년인 아이는 그 수준에 맞게 깔끔하게 글씨 쓰기를 배우고 있지만 읽기와 수학은 2학년 과정을 공부하고 있고 반에서 성적도 최고를 달리고 있습니다. 아이의 지능지수가 높은 것은 일찍부터 읽기를 배웠던 덕분일까요? 아니면 지능지수가 높아서 일찍부터 읽기를 배울 수 있었던 걸까요?

반면 둘째 아이와는 함께할 시간이 많지 않았습니다. 결과적으로 아이는 공부를 썩 잘하지 못합니다. 둘째 아이에게 관심을 덜 기울였던 점이 몹시 후회됩니다. 어쩌면 아이 인생 내내 결점으로 따라다닐지도 모르겠습니다.

한 가지 덧붙이자면 아이들은 '놀이'로 다가가면 아주 어린 나이에도 훨씬 더 많은 것을 배울 수 있고 또 배우는 것을 무척 좋아한다는 사실입니다."

"마침내 2세, 3세, 4세 아이들도 읽기를 배울 수 있고 더욱이 읽기를 배우고 싶어 한다는 사실을 인정하게 되었습니다. 제 딸아이는 알파벳을 완전하게 알고 있습니다. 2세의 나이에는 몇 가지 단어를 읽을 수 있었습니다. '몇 개의 단어가 연속되면 문장이 되어 완전한 생각을 표현할 수 있다'라는 사실을 깨달은 건 3세 생일이 지나고 며칠 후였지요. 이때부터 아이의 읽기는 놀라운 속도로 발전했고 4세 반이 된 지금은 초등학교 2학년 과정을 마친 아이들 수준으로 읽고 있습니다."

노르웨이의 한 의학박사는 다음과 같은 논평을 해 주었다.

"제게는 세 아이가 있는데 그중 두 명에게 4세와 3세에 조금 다른 방법으로 읽기를 가르쳤습니다. 선생님의 주장은 제게는 무척이나 확고하게 들립니다. 제 경험으로 미루어 선생님의 방식이 제가 쓴 방식보다 분명히 나은 것 같습니다. 이제 7개월이 된 막내에게는 내년에 선생님의 방식을 한번 써 볼 생각입니다.

노르웨이에서는 어린 나이에 성에 관한 정보를 전달하는 것만큼이나 미취학 아동에게 읽기를 가르치는 것을 엄격하게 금지하고 있습니다. 현실은 이렇게 심각하지만 제가 200명의 미취학 아동을 조사해 본 결과 그 가운데 10퍼센트가 꽤 우수한 수준으로 읽기를 할 수 있고 3분의 1 이상이 알파벳을 완전히 익혔다는 사실을 알게 되었습니다.

저는 뇌를 발달시키는 일이야말로 우리 시대에 가장 중요하고 도전적인 과제라고 생각합니다. 그런 면에서 선생님은 참으로 개척적인 일을 하고 계십니다."

위에 소개한 편지의 주인공들은 모두 이 책이 출판되기 이전에 자녀에게 읽기를 가르쳤거나 혹은 아이가 읽을 수 있다는 사실을 발견했다. 다시 말해 이 책에서 설명하는 방법과 논리를 보증하기 위해 짜 맞춘 이야기가 절대로 아니라는 말이다. 편지를 보내 온 엄마들은 그저 자녀가 학교에 다니기 전부터 읽기를 배울 수 있으며, 배우고 있고, 배워야 한다는 사실에 동의하고 있는 민첩한 부모였을 뿐이다.

# 학령기 이전에 읽기를 가르치면 $\ast$
# 아이의 뇌가 폭발적으로 성장한다

O. K. 무어O. K. Moore 박사는 예일대에서 미취학 아동을 대상으로 읽기를 가르치는 방법을 오랫동안 광범위하게 연구해 왔다. 그 결과 4세보다는 3세가, 5세보다는 4세가, 6세보다는 5세가 더 쉽게 읽기를 배울 수 있다는 사실을 알아냈다. 당연한 일이며, 그럴 수밖에 없다. 그런데도 우리는 그동안 6세 전에는 절대로 읽기를 배울 수 없고, 배워서도 안 된다는 말을 얼마나 자주 들어 왔던가?

1894년, 마리아 몬테소리Maria Montessori는 여성 최초로 이탈리아의 한 의과대학을 졸업했다. 몬테소리 박사는 흔히 '지체아'로 분류되어 상당한 무시를 당했던 아동 집단에 관심을 갖게 되었다. 사실 '지체아'라는 구분은 상당히 비과학적이다. 아동의 발달이 지체되는 이유는 수백 가지나 되기 때문이다. 그러나 몬테소리는 안타까운 오해를 받고 있는 이 아동 집단을 향해 자신의 의학적 배경과 포용력, 이해심을 모두 쏟아 부었다.

이들과 함께 하는 동안 몬테소리는 소위 '지체아'도 훈련을 통해 평균보다 훨씬 더 높은 수준의 수행이 가능하다는 사실을 깨달았다. 특히 학령기 이전에 훈련이 시작되면 가능성이 더 커진다는 사실도 알게 되었다.

몬테소리 박사는 수년간의 연구 끝에 이 아이들은 모든 감각을 동원해 배워야 한다는 결론에 도달했다. 그리고 시각적, 청각적, 촉각적인 수단을 모두 이용해 이 아이들을 가르치기 시작했다. 결과는 몹시 만족스러웠고 일부 지체아는 일반적인 아동 수준의 수행을 할 수 있게 되었다. 이제 몬테소리 박사는 건강한 아동도 자신의 잠재력을 충분히 발휘하고 있지 못하며 이를 적극적으로 발휘할 기회를 부여받아야 한다는 결론에 이르렀다.

유럽의 몬테소리학교는 오래전부터 뇌손상을 입은 아동뿐 아니라 보통의 아이들을 위해 존재해 왔다. 현재 미국에도 몬테소리학교가 있으며 건강한 미취학 아동의 잠재력을 발휘하고 성취할 수 있도록 돕고 있다. 몬테소리학교의 아이들은 3년 동안 광범위한 프로그램에 참여하고 있으며 아이들 대다수는 4세에 단어를 읽고 있다.

미국에서 가장 역사가 깊은 몬테소리학교인 코네티컷주 그리

니치의 휘트비학교를 찾아갔을 때, 우리는 아이들이 기쁘고 행복한 모습으로 읽기를 배우며 다른 여러 가지 활동을 수행하고 있는 모습을 확인했다. 현재 이 아이들은 미취학 아동 중에서도 상당히 우수하다고 평가받고 있다.

## 수많은 사례들이 증명하는 단 하나의 진실

우리 연구소에 처음으로 읽기 프로그램이 도입된 지 1년이 흐르자 모두 231명의 뇌손상 아동이 읽기를 배우게 되었다. 이 중 143명이 6세 이하였고 나머지는 6세 이상이었는데 모두 프로그램을 시작하기 전에는 읽기를 할 수 없는 아이들이었다.

언어 문제뿐만 아니라 신체적인 문제까지 지닌 아이들이었기 때문에 60일에 한 번씩, 연구소를 찾아올 때마다 읽기 능력뿐만 아니라 신경학적 발달 상태까지 검사했다. 이후 부모는 프로그램의 다음 단계를 교육받았고 집으로 돌아가 읽기 일정과 신체 발달 프로그램을 동시에 지속해 나갔다.

이 뇌손상 아이들이 1회 방문(60일)부터 5회 방문(10개월)까지 프로그램을 시행하는 사이 모든 아이는 알파벳부터 책 전체에 이르기까지 무언가를 읽을 수 있게 되었다. 특히 3세 뇌손상 아동

여러 명이 문장과 책을 완벽하게 이해한 상태로 읽을 수 있게 되었다.

위에서 언급한 숫자에는 뇌손상을 입지는 않았지만 읽기가 안 되어 학교에서 낙제되고 연구소를 찾아와 읽기 프로그램에 참여하고 있는 수백 명의 아동은 포함되지 않았다. 또 연구소의 지도를 통해 아이에게 읽기를 가르치고자 자원한 부모의 자녀인 건강한 2세, 3세 아동의 수도 포함되지 않았다.

앞서 언급한 무어 박사는 예일대에서 아주 어린 아이들에게 읽기를 가르쳤다. 몬테소리학교도 어린아이들에게 읽기를 가르쳤다. 필라델피아의 우리 연구소도 역시 읽기를 가르쳤다.

우리가 알지 못하는 누군가가, 또 다른 어떤 집단이 우리와 같은 목적의식을 가지고 체계적인 방식으로 아주 어린 아이에게 읽기를 가르치고 있을지도 모른다.


## 부모의 도움으로 아이의 읽기가 완성된다

사실상 미국 전역에서 어린아이들이 부모의 지도 없이 읽기를 배우고 있다. 이제 우리가 일정한 결론에 도달할 때다.

가장 먼저 2세, 3세 아동이 읽기를 할 수 있기를 바라는가를 결정해야 한다. 만약 우리가 아이들의 읽기를 바라지 않는다는 결론에 도달하면 우리는 최소한 두 가지 일을 해야 한다.

① 책도, 신문 헤드라인 기사도, 도로의 간판도, 상품 이름도 절대로 아이에게 읽어 주지 말 것.
② 텔레비전과 비디오, 컴퓨터에 나오는 단어들을 절대로 아이에게 보여 주지 말 것.

위와 같은 어려움에 빠지기를 바라지 않는다면 쉬운 쪽 길을 택해 그냥 아이들이 마음대로 읽게 놔두면 된다. 그리고 어린아이에게 읽기를 허락하기로 결심했다면 우선 아이가 '무엇을' 읽을지를 정해야 한다. 가장 좋은 방법은 텔레비전이 아닌 부모의 도움을 통해 가정에서 읽기를 배우는 것이다. 이는 쉬운 길이면서 동시에 부모와 아이가 모두 즐겁게 갈 수 있는 길이다.

'아이들이 읽기를 배우고 있는가'는 논쟁의 대상이 되는 가설이 아니다. 엄연한 사실이다. 그러므로 우리가 던질 수 있는 유일한 질문은 앞으로 '어떻게 읽기를 가르칠 것인가'다.

# How to
# Teach
# Your Baby
# to Read

# How to Teach Your Baby to Read

# 4장

# 일찍 읽기를 배운 아이들이
# 더 똑똑하다

어떤 일에서든 시작이 가장 중요하다.
특히 어리고 여린 상태일 경우 시작의 중요성은 더욱 커진다.
성격이 형성되고 바람직한 인상을 갖게 되는 때가
바로 이 시기이기 때문이다.

- 플라톤

# 머리가 좋아야 잘 읽는다?
# 읽기를 배워야 머리가 좋아진다!

✳

허버트 스펜서Herbert Spencer는 위장을 굶기지 않듯 뇌도 굶기지 말아야 한다고 했다. 교육은 요람에서부터 시작되어야 하며 또한 흥미로운 분위기에서 이루어져야 한다. 처벌의 위험과 함께 정보를 따분한 임무로 받아들이는 사람은 수년이 지나도 진정 배우는 사람이 될 수 없다. 반면 적절한 시기에 자연스러운 형태로 정보를 받아들이는 사람은 어린 시절 시작한 교육을 평생 지속해 나갈 수 있을 것이다.

어머니로부터 성공적인 가르침을 받고 이후 놀라운 발달을 보인 몇몇 아이들에 관해 앞서 논의를 거쳤지만, 이들은 모두 전문적인 자료에서 찾아낸 사례가 아니다.

루이스 M. 터먼이 보고한 바 있는 마사의 사례를 보자.

마사는 12세 8개월이 되었을 때 제 또래 아이들보다 2년이나 앞선 중학교 3학년 2학기를 다니고 있었다. 이에 대해 터먼은 다음과 같이 말했다.

"이전 학기에 마사는 40명 정도로 이루어진 3학년 1학기 학급에서 유일하게 고등학교 장학생 명단에 들어갔다. 1927년에서 1928년 사이 현장을 방문한 평가단이 마사의 담당 교사에게 이 아이가 가장 잘하는 과목이 무엇이냐고 물었다. 교사는 이렇게 대답했다.

'마사는 참 아름답게 읽습니다.'

평가단과의 대화에서 마사는 학교에 가야 하지만 만약 가지 않아도 된다면 하루에 책을 다섯 권이나 읽을 수 있을 것이라고 말했다. 또한 아주 빠른 속도로 읽을 수 있으며 일주일에 마컴 Markham의 《소설로 읽는 진짜 미국사The Real America in Romance》 13권을 모두 독파했다는 이야기도 했다. 이때 마사의 아버지는 마사가 이 책들을 그렇게나 빨리 읽었다는 말에 의문을 품고 마사가 내용을 제대로 알고 있는지 몇 가지 질문을 던져 보았다. 그러나 마사는 만족스럽게 대답했다."

터먼은 마사가 아이 때부터 읽기를 시작해 해로운 결과를 보였다는 증거는 어디에도 없으며 오히려 현재 보이는 우수한 능력은 일정 부분 조기에 배움을 시작했기 때문이라는 견해를 뒷받침하는 증거가 많다고 결론 내렸다.

마사는 다양한 종류의 지능검사를 받았고 그 결과 평균 지능지수가 140 이상이었으며, 성격은 매우 강인하고 생동감이 넘쳤다. 두세 살이나 위인 급우들과 함께 학교생활을 해야 했지만 어려움을 느껴 고민한 경험은 없을 정도로 사교적이고 적응력이 높았다. 140이 넘는 지능지수 덕분에 마사는 천재의 범위에 들어갔다.

## 천재들이 보이는 단 하나의 공통점

수많은 연구 결과를 보면 월등한 어른들이나 천재들은 학교에 입학하기 훨씬 전부터 읽기를 할 수 있었다. 그런 이유로 소위 천재들이 아주 어린 나이에 읽기를 할 수 있었던 것은 이미 우월한 사람이었기 때문이라는 생각이 지배적이었다. 이는 완벽하게 과학적인 추측이며 우리가 항상 인정해 왔던 생각이다.

그러나 믿을 만한 지능검사가 가능해지기 훨씬 전에, 다시 말해 아이가 남보다 월등하다고 추측할 만한 확실한 증거가 나오기 전에 이미 어린 자녀에게 읽기를 가르치기로 한 부모들의 수많은 사례를 보면 이제 새로운 질문을 던져야 할 차례라는 사실을 알수 있다. 이 아이들이 어린 나이에 읽기를 배웠기 때문에 남보다 월등해진 것은 아닌지 말이다.

사실 이 세상에는 천재를 포함해 일반적인 수준보다 월등한 사람이 무수히 많다. 이들이 학교에 들어가기 전부터 이미 읽을 수 있었다는 사실은 첫 번째와 두 번째 추측을 모두 잘 뒷받침해 준다. 그러나 첫 번째 추측보다 두 번째 추측을 보다 탄탄하게 뒷받침하는 증거, 게다가 완벽하게 과학적인 전제도 있다.

지능이 높은 사람들이 아주 어린 시기부터 읽을 수 있었던 이유가 이들의 천재성 때문이라는 추측은 필수적으로 유전학에 기초하고 있다. 즉, 천재는 유전적으로 잠재력을 물려받았기 때문에 월등하다는 것이다.

당연히 사람들 사이에 유전적인 차이가 있다는 사실을 반박하고 싶은 마음은 없다. 또 유전에 비해 환경이 훨씬 더 중요하다는 오래된 논쟁에 깊이 관여할 마음도 없다. 이 부분은 책의 1차적인 요점과 직접적인 관계가 없기 때문이다.

그러나 이른 나이에 읽기를 시작하는 것이 이후 삶에서 이루어 나가야 할 수행에 강력한 영향을 끼칠 수 있다는 가능성을 뒷받침해 주는 증거들은 외면할 수가 없다.

① 우수한 것으로 판명된 수많은 아이가 남보다 월등하다는 증거가 나타나기 전에 이미 읽기를 배웠다. 어떤 부모는 아이가 태어나기도 전에 아주

이른 나이부터 읽기를 가르쳐야겠다고 결심하고 이를 실행에 옮겼다.

② 여러 기록을 보면, 한 가정 안에서도 어떤 아이는 읽기를 배워 나중에 뛰어난 능력을 보였지만, 다른 아이는 일찍 읽기를 배우지 않아 뛰어난 능력을 보이지 못한 경우가 많았다. 우수한 능력을 보이는 아이는 첫째인 경우도 있었지만, 둘째 이후의 아이인 경우도 있었다.

③ 토미 런스키의 경우를 보면(비슷한 다른 경우에서도) 토미가 유전적으로 특별한 재능을 타고났다는 확실한 증거는 없었다. 토미의 부모는 둘 다 고등학교도 졸업하지 못했고 지적으로도 비범한 수준은 결코 아니었다. 토미의 형제도 평균적인 아이들이었다. 이 시점에서 토미가 심각한 뇌손상을 입었고 2세의 나이에 '가망 없는 지체아'로 진단받고 평생을 시설에서 보내야 한다는 말을 들었다는 사실을 다시 한번 떠올려 보자. 토미가 이제는 자기 나이보다 두 배는 더 많은 일반 아이들 수준으로 읽고 이해할 수 있는 특별한 아이라는 점에는 의문의 여지가 없다.

토미를 '영재'라고 부른다면 이는 과연 공정하고 과학적이고 합리적인 일일까?

토머스 에디슨은 천재란 1퍼센트의 영감과 99퍼센트의 노력으로 이루어진다고 말했다. 앞서 살펴보았던, 인간에게만 존재하는 고유한 신경 기능 여섯 가지 중 세 가지는 수용 능력이고 나머지 세 가지는 표현 능력이었다.

인간의 지능은 수용 감각을 통해 세상으로부터 얻는 정보에 의해 결정된다. 이러한 수용 능력 중 가장 고차원적인 것이 바로 읽기 능력이다. 만약 인간의 수용 능력 세 가지가 완전히 차단된 다면 그는 인간이라기보다는 식물에 가까운 존재가 될 것이다.

그러므로 인간의 지능은 세 가지 고유한 수용 능력, 즉 보는 것과 듣는 것(그리고 그로 인해 글을 읽고 음성언어를 이해하는 것) 그리고 필요할 경우 감각을 통해 언어를 읽을 수 있게 해 주는 촉각 능력의 총합에 의해 결정된다. 이 세 가지 수용 능력을 파괴하면 인간을 다른 동물과 구별되도록 하는 대부분의 특징을 파괴하게 되는 셈이다.

이 능력들을 제한하면 인간의 지능 역시 똑같이 제한된다. 또 하나라도 낮다면 지능에 영향을 끼치게 된다. 반면 세 가지 능력 가운데 하나라도 나머지보다 뛰어나다면 그 사람은 그 능력의 최고 수준까지 발휘할 수 있다. 단, 그 능력을 통해 정보를 얻을 수 있는 가능한 모든 기회가 주어질 경우에 그렇다.

그 누구도 자신이 가진 최고의 수용 능력과 그 능력을 활용할 기회 이상으로 성장할 수는 없다. 반대로, 수용 능력이 모두 낮다 면 그 인간은 매우 낮은 수준으로 기능할 것이다.

만약 인간에게 언어를 읽고 듣는 능력이 사라진다면 어떻게 될까? 새로운 의사소통 수단을 배워야 할 것이다. 이 경우 헬렌 켈러의 첫 선생님처럼, 눈이 멀고 귀가 들리지 않아 말을 할 수도 읽을 수도 쓸 수도 없는 제자에게 만지는 감각을 통해 의사소통을 하도록 가르칠 수밖에 없을 것이다. 만약 헬렌 켈러가 촉감을 통해 언어를 받아들이는 능력이 매우 낮았다면 그녀는 동물의 수준에 머물렀을 것이다. 시력과 청력처럼 촉각마저 존재하지 않았다면 헬렌 켈러는 식물과 같은 수준에 머물렀을 것이다.

이러한 능력들이 발달할수록 수행 능력 역시 발달한다. 뇌손상 정도가 심각한 아동이 아주 어린 나이부터 읽기를 배웠을 경우, 이러한 기회를 얻지 못한 다른 뇌손상 아동보다 훨씬 더 큰 능력을 보여 주었다. 앞서 언급한 대로 일찍부터 읽기를 배운 건강한 아이들 역시 그러한 기회를 얻지 못한 또래 아이들에 비해 훨씬 더 높은 수준의 수행 능력을 보여 주었다.

언어를 이해하는 데 제한이 따르면서 지능이 낮은 어른은 있지만, 언어를 이해할 수 없으면서 천재인 사람은 없다. 적어도 우리 문화권에서는 보지 못했다. 물론 지능이란 문화와 관계를 맺을 수밖에 없다. 만약 오스트레일리아의 원주민인 애버리진 가운데 일반적인 성인 한 명을 뉴욕으로 데려와 미국의 보편적인 지능검사를 실시한다면 백치라는 결과가 나올 것이다.

거꾸로 미국인이 오스트레일리아의 애버리진 부족에게 간다면 그 문화권 안에서 거의 무기력해질 것이고, 아이처럼 그곳 사람들의 보살핌을 받지 못한다면 생존할 수 없을지도 모른다. 미국인은 부메랑을 던져 사냥할 수도 없고 살아있는 도마뱀을 잡아 날것으로 먹을 수도 없으며 물을 찾을 수도 없다. 그리고 당분간은 들려오는 말을 이해할 수 없을 것이다.

언어는 인간에게 있어서 가장 중요한 도구다. 인간은 생각을 공식화할 언어를 가지고 있기에 정교한 생각을 떠올릴 수 있다. 추가로 단어가 필요하다면 새로운 사고와 의사소통을 위한 도구로서 단어를 고안해 내야 한다.

기술사회에서는 인간이 만들어 낸 새로운 장치를 설명하기 위해 10년마다 수천 개의 신조어가 새롭게 탄생하고 있다. 제2차 세계대전 동안 미국의 제5공군은 대규모 아메리카 원주민들에게 전파 기술을 가르쳐 태평양전쟁에 참전 중인 각 소대에 파견했다. 일본인 중에는 촉토족(아메리카 원주민의 한 종족)이나 수족의 말을 알아듣는 사람이 거의 없었기 때문에 굳이 암호 메시지로 전환시키지 않아도 암호처럼 쓸 수 있었던 것이다. 그러나 이 계획은 뜻대로 진행되지 않았다. 원주민의 언어에는 전투기나 폭격기, 공중어뢰, 항공모함, 연료 주입 등의 공군 관련 용어를 뜻하는 말이 없었기 때문이다.

# 잘 읽는 아이는
# 지능지수도 높다

인간에게 적용되는 사실상 모든 지능검사가 글로 쓴 정보를 받아들이는 능력(읽기) 혹은 말로 하는 정보를 받아들이는 능력에 달려 있다. 현대사회에서는 그럴 수밖에 없다.

만약 읽기 능력이 감소하거나 존재하지 않는다면 지능을 표현하는 능력 역시 눈에 띄게 감소할 것이다. 읽을 자료가 부족하거나 읽을 능력이 부족하면 제도적 교육의 부재 상태에 놓인다는 점도 중요하지만, 그보다 지식을 얻을 수 있는 다양한 학습 기회 자체가 줄어든다는 사실이 더 중요하다. 이렇게 되면 지능 저하로 이어질 수도 있기 때문이다.

언어능력은 매우 중요한 도구다. 그러므로 지능을 표현하는 능력은 사용하고 있는 언어의 숙련도와 관계가 있다.

# 어린 나이에 읽기를 배워야 하는 이유

현재 2세 6개월보다 어린 아이들을 대상으로 하는 검증된 지능검사는 존재하지 않는다. 아이가 2세 6개월이 넘으면 스탠퍼드비네Stanford-Binet 검사를 받을 수 있으며 이때 얻은 결과는 이후 삶을 설명할 수 있는 어느 정도의 신뢰성이 있다. 물론 언어능력이 향상될수록 지능검사의 타당성도 높아진다.

당연히 지능검사에서 요구하는 언어 숙련도는 매년 높아질 수밖에 없다. 그러므로 아이의 언어능력이 또래에 비해 월등하다면 지능검사에서도 또래보다 더 똑똑하다고 나올 것이다.

토미 런스키는 말을 할 수 없다는 결정적인 이유 때문에(그래서 지능을 표현할 수 없었다) 2세에 '구제 불가능한 백치'로 분류되었지만 5세에 이르자 읽기 실력이 우수하다는 이유 때문에 월등한 아이로 분류되었다.

어린 나이에 읽기 능력은 지능 측정과 상당한 관계가 있다. 지능을 표현하는 능력이 지능을 검사하는 타당한 방법인가의 여부는 크게 중요하지 않다. 중요한 것은 지능검사의 판단 척도가 표현 능력에 달렸다는 점이다. 다시 말하지만 아이들은 어린 나이에 읽을수록 더 많이 읽고, 더 잘 읽는다.

아이들이 아주 어린 나이에 읽기를 배워야 하는 이유로 다음과 같은 것들이 있다.

① 2세와 3세 아동이 과잉 행동을 보이는 것은 사실상 지식을 향한 끊임없는 갈증 탓이다. 아이에게 갈증을 해소할 기회를 준다면 최소한 그 시간의 일부분은 과잉 행동이 크게 줄어들 것이고 해로운 일로부터 보호하기도 훨씬 더 쉬워질 것이며 물질적인 세계와 자기 자신에 대해 훨씬 더 많은 것을 배워 나갈 수 있을 것이다.

② 2세와 3세에 정보를 받아들이는 능력은 그 어느 때보다 최고치를 기록한다.

③ 이 시기 어린아이에게 읽기를 가르친다면 다른 어느 때보다 쉽게 가르칠 수 있다.

④ 아주 어린 나이에 읽기를 배운 아이는 일찍 배우고자 하는 시도가 좌절된 아이보다 훨씬 더 많은 정보를 흡수한다.

⑤ 아주 어렸을 때 읽기를 배운 아이는 그렇지 않은 아이보다 이해력이 더 뛰어난 경향을 보인다. 문장 전체를 이해하지 못한 상태에서 각 단어를 띄엄띄엄 읽는 7세 아동과 정반대의 모습으로 문장의 억양과 의미를 살려 가며 읽는 3세 아동의 읽기를 비교해서 들어 보면 흥미롭다.

⑥ 아주 어렸을 때 읽기를 배운 아이는 그렇지 못한 아이보다 훨씬 더 빨리, 그리고 문장을 이해해 가며 읽는다. 읽기에 대해 주눅이 덜 들기 때문이고 읽기를 막연한 두려움으로 가득한 '숙제'로 여기지 않기 때문이다. 아

주 어린 아이는 배울 것으로 가득한 매혹적인 세계에서 읽기를 배워야 할 또 하나의 매혹적인 대상으로 바라본다. 그러므로 세세한 것에 '집착 하지' 않으며 완전하게 기능적인 감각으로 읽기를 대한다. 그것은 매우 올바른 태도다.

⑦ 마지막으로, 아이들은 아주 어린 나이부터 읽기를 배우는 것을 무척이나 좋아한다.

# 어린 나이에 읽기를
# 가르치는 것에 관한 오해와 진실

＊

이 장의 제목을 '끔찍한 일이 벌어지려고 한다'라고 지을까 몇 번이고 망설였다. 이번 장은 너무 일찍 읽기를 배운 아이들을 향해 흔히 걱정하는 무서운 예감들에 대해 다루려고 하기 때문이다. '아무도 엄마들의 말에 귀 기울이지 않는다'라는 제목을 붙일까도 생각했다. 어린아이들을 향한 그토록 많은 오해가 왜 벌어지고 있는가를 설명하고자 하기 때문이다.

전 세계에 널리 퍼진 하나의 신화가 있다. 바로 오직 특정한 전문가들만이 아이들을 이해할 수 있다는 신화다. 실제로 아동을 상대하는 수많은 부류의 전문가 집단 가운데 다음과 같은 생각을 고집하는 이들이 너무도 많다.

① 엄마는 아이에 대해 많은 것을 알지 못한다.

② 엄마는 자신의 아이를 완전히 잘못 관찰하고 있다.

③ 엄마는 아이의 능력에 관해 끔찍한 거짓말을 한다.

그러나 우리의 경험으로 미루어 볼 때 이는 진실이 아니다. 물론 과장하거나 사실과 다른 이야기를 하고, 아이를 제대로 이해하지 못하는 엄마들도 일부 있다. 하지만 지금껏 우리가 만나 온 엄마들은 대부분 세심하고 주의 깊은 관찰자였고 철저한 현실주의자들이었다. 문제는 누구도 엄마들의 말에 귀를 기울이지 않는다는 것이었다.

우리 연구소에서는 매년 천 명이 넘는 뇌손상 아동의 부모를 교육하고 있다. 뇌손상 아동을 자녀로 두고 사는 것만큼 힘들고 두려운 일도 없을 것이다. 엄마들은 자녀의 뇌손상이 의심되면 필요한 조치를 즉각 취할 수 있도록 가능한 조기에 손상 여부가 발견되기를 바란다.

우리 연구소에서 목격한 1,000여 건의 사례 가운데 900건이 넘는 경우에서, 아이에게 무언가 잘못된 점이 있다는 사실을 맨 처음 알아챈 사람은 바로 엄마였다. 이 엄마들은 대부분 의사와 기타 전문가를 포함해 타인에게 자신의 아이가 무언가 잘못되었으며 즉시 어떠한 조치를 취해야 한다는 사실을 설득시키기 위해 몹시 힘든 시간을 보냈다.

그 타인이 아무리 열심히, 그리고 아무리 끈질기게 엄마를 만류해도 엄마는 상황을 인정받을 때까지 고집을 꺾지 않았다. 이 과정만 여러 해가 걸리는 경우도 있다. 엄마가 아이를 사랑할수록, 아이의 상태를 평가할 때는 스스로 더욱 냉정해지려고 한다. 만약 아이에게 문제가 있다면 엄마는 이제 그 문제가 해결될 때까지 편히 쉴 수 없다. 우리 연구소는 이러한 엄마들의 말에 귀를 기울이는 법을 배웠다.

그러나 건강한 아동을 상대하는 수많은 전문가의 말은 엄마들을 위축시켜 왔다. 이들은 엄마들이 이해하지 못하는 전문용어를 앵무새처럼 되풀이하도록 했다. 가장 심각한 문제는, 이런 방식 때문에 엄마들이 자신의 본능적이고 직관적인 반응을 믿지 못하게 되고 결국에는 모성 본능 자체가 자신을 속이고 있다고 여기게 된다는 것이다.

이러한 경향성이 지속된다면 이제 엄마들은 자식을 한 명의 '어린아이'로 바라보는 것이 아니라 따로 교육을 받지 않는다면 도저히 이해할 수 없는 '이상하고 이기적인 충동 덩어리'로 바라보게 될 것이다. 정말이지 말도 안 되는 일이다.

우리의 경험에 의하면 엄마들은 말 그대로 최고의 엄마였다. 하지만 취학 전 아동의 학습을 바라보는 오해는 엄마들을 위협하고 모성 본능을 꺾도록 강요하는 두려움의 현장이다.

오늘날 수많은 부모는 자신들이 반복적으로 들어 온 이야기들이 옳다고 믿는다. 우리는 이 오해들을 하나하나 살펴보고 진실을 밝히고자 한다.

### 오해 1. 너무 일찍 읽기를 배운 아이는 장차 학습에 문제가 발생할 것이다.

진실: 우리가 알고 있는 사례 가운데 일찍 읽기를 배워 장차 학습에 문제가 발생한 아이는 한 명도 없었다. 오히려 상당수의 사례에서 실상은 반대라는 점이 확인되었다.

읽기에 문제를 보이는 아이들이 많다는 사실이 왜 놀라워야 하는가? 정말로 놀라운 사실은 누구나 읽기를 배우고 있지만 대부분은 쉽고 자연스럽게 배울 수 있는 능력이 막 사라질 무렵에야 겨우 배우기 시작한다는 점이다.

### 오해 2. 너무 일찍 읽기를 배운 아이는 성격 나쁜 천재가 될 것이다.

진실: 위와 같은 오해를 퍼트리는 이들에게 묻고 싶다. 일찍부터 읽는 아이들이 열등생이 되겠는가, 천재가 되겠는가? 1번 오해를 믿는 사람들의 대부분이 2번 오해까지 믿는 걸 보면 그 모

순이 놀랍기만 하다. 사실은 두 가지 오해 모두 진실이 아니다.

우리는 일찍부터 읽을 수 있게 된 아이들이 다른 아이들에 비해 더 많이 즐거워하고 행복해하며 뛰어난 적응력을 보이는 경우를 많이 목격해 왔다. 그렇다고 일찍부터 읽을 수 있게 된 아이가 자신에게 일어나는 모든 문제들을 해결할 수 있다는 말은 아니다. 물론 일찍 읽기를 배운 아이들 중에는 성격이 나쁜 아이도 있을 수 있다. 하지만 그건 읽기 탓이 아니다. 우리의 경험에 의하면 학교에 들어가 비로소 읽기를 배우기 시작한 아이들보다 일찍 읽기를 시작한 아이들 중에 사회성이나 적응력이 낮은 아이가 더 드물다. 오히려 학교생활을 시작할 무렵에도 읽기가 안 되는 아이들이 더 불행하거나 적응력이 낮을 확률이 높다.

**오해 3. 너무 일찍 읽기를 배우면 초등학교 입학 후 문제가 발생할 것이다.**

진실: 완전히 오해만은 아니다. 부분적으로는 옳기 때문이다. 처음에는 진짜로 문제가 발생할 수 있다. 그러나 그건 학생이 아니라 교사에게 생기는 문제이며, 학교란 아이들을 위해 존재하는 곳이므로 교사가 아이를 위해 노력을 기울여야 한다. 실제로 수많은 훌륭한 교사들이 큰 어려움 없이 그렇게 하고 있다.

이런 문제를 '문제'라고 부르는 사람들은 조금의 노력조차 기울이지 않으려는 소수의 책임감 없는 교사일 것이다. 제 몫을 해내는 유능한 교사라면 읽지 못하는 아이들을 가르치는 데 드는 시간과 노력보다 훨씬 적은 노력으로도 읽기를 잘하는 아이를 다룰 수 있다. 사실, 읽기를 좋아하고 잘하는 아이들로만 가득 찬 교실이 있다면 그 교사는 별다른 문제를 겪지 않을 것이다. 오히려 이후에 나타날 수많은 문제점들이 미리 해결되기도 한다. 왜냐하면 학년이 올라갈수록, 읽지 못하는 아이들을 가르치는 데는 상당한 시간과 노력이 필요하기 때문이다.

안타까운 사실은, 1학년 교사가 겪는 수많은 문제들은 잘 읽는 아이를 다룰 때만큼 쉽게 해결할 수 없다는 점이다. 그래서 현명한 교사는 급우들이 알파벳과 씨름하고 있는 사이, 혼자서 읽을 수 있는 아이에게 읽기 책을 건네주는 방식으로 간단하게 문제를 해결한다. 조금 더 나아가 읽을 수 있는 아이가 큰 소리로 친구들에게 책을 읽어 주도록 시키기도 한다. 아이는 자신의 능력을 보여 줄 기회를 만난 것을 대체로 즐거워하며 받아들인다. 또, 다른 아이들도 이런 일이 얼마든지 가능하다는 사실을 깨닫고 두려움을 줄인다. 좋은 교사라면 이와 같은 '문제'에 대해 수많은 대응 방법을 알고 있다.

위와 반대로 상상력이 풍부하지 못한 교사는 어떨까? 사실 자질이 부족한 교사를 만나는 것은 학급 안의 모든 아이들에게 문제가 된다. 더군다나 1학년 때 이런 교사를 만난다면 어떨까? 다음과 같은 일이 벌어질 확률이 매우 높다. 2학년에 올라갔을 때 가장 성적이 우수한 아이는 입학하기 전에 이미 읽을 수 있었던 아이일 것이다. 사실 이 아이는 다른 아이들만큼 1학년 과정이 절실하게 필요하지도 않다.

모순되게도, 입학 전에 읽기를 배우는 것을 격하게 반대하는 학교조차 2학년 학급에서 읽기 성적이 우수한 학생은 몹시 자랑스러워한다. 분별력 있고 현명한 1학년 교사가 해결해야 할 가장 쉬운 문제는 읽을 수 있는 아이들을 어떻게 다룰지 고민하는 일이다. 반대로 교사에게 가장 어렵고 시간이 많이 드는 문제는 '읽기를 가르칠 수 없는 아이'를 어떻게 다룰지 고민하는 일이다.

그런데도 지금 급우들 평균에 맞추기 위해 일부러 아이의 배움을 막아야 한다고 진지하게 주장하는 것인가?


**오해 4. 너무 일찍 읽기를 배운 아이는 1학년 학급에서 따분해할 것이다.**

진실: 가장 광범위한 대다수의 엄마들이 우려하고 있는 걱정거리이자 모두에게 가장 납득이 가는 의문점이다. 우리가 이 시점에서 정말로 물어보고 있는 바는 정확히 다음과 같다.

"너무 많이 배운 아이는 1학년 때 따분해하지 않을까?"

대답은 '그렇다'다. 아이는 1학년 학급에서 따분하고 지루해하며 멍해 있을 가능성이 높다. 1학년 학급의 다른 아이들 대다수와 똑같이 말이다. 누구나 하루의 반을 1학년 교실에서 보낸 경험이 있다. 대체로 오늘날 학교는 우리가 학교에 다녔던 시절보다는 훨씬 좋아졌다. 하지만 대다수 1학년 학생들에게 주말과 비교해 학교에 가야 하는 평일이 얼마나 길게 느껴지는지 물어보라. 하루가 엄청나게 길게 느껴진다고 대답했다면, 그 대답이 곧 '배우고 싶지 않다'라는 뜻일까?

전혀 그렇지 않다. 정교한 대화를 이끌어 갈 수 있는 5세 아이에게 '자동차를 보세요. 예쁘고 빨간 자동차입니다.'라는 빤한 문장을 읽으라고 해 놓고 생기 넘치는 모습을 기대할 수 있겠는가? 이런 문장을 읽고 있는 7세 아동은 예쁘고 빨간 자동차를 보기만 하는 게 아니라 제조사와 제조년도, 차체의 형태, 심지어 마력까지 알고 있다. 예쁘고 빨간 자동차에 대해 더 알고 싶은 게 있는가? 그럼 아이에게 물어보라. 아이는 우리보다 훨씬 더 많은 것을 알고 있다. 그러나 흥미를 유발하지 못하고 자료만 쥐어 주는 학교는 당장 따분해지고 말 것이다.

가장 많은 것을 알고 있는 아이가 가장 따분해할 거라는 생각은 가장 조금 아는 아이가 가장 흥미로워하고 덜 따분해할 거라는 생각과 같다. 수업이 흥미롭지 않다면 누구나 따분해할 것이다. 그러나 수업이 흥미롭다면 이해가 안 되는 사람만 따분해 할 것이다.

**오해 5. 너무 일찍 읽기를 배운 아이는 발음 중심 학습법**<sup>Phonics</sup>
**을 놓칠 것이다.**

진실: 어쩌면 발음 공부를 건너뛸 수도 있다. 그러나 건너뛸지 언정 놓치지는 않을 것이다. 지독한 말장난으로 들리겠지만 어 쨌든 사실이다.

3세 아동에게 읽기를 가르친 진정한 개척자로 앞서 언급된 O. K. 무어 박사는 '통단어' 읽기 접근법을 옹호하는 사람들과 '발음 중심' 읽기 접근법을 옹호하는 사람들 사이에 불붙은 논쟁에 끼 어드는 것 자체를 반대했다. 무어 박사는 이를 무익한 싸움이라 고 불렀다.

오늘날 어린아이에게 읽기를 가르칠 때 '최선의' 방법은 존재 하지 않는다. 독보적으로 예외적인 방법은 있을 수 없으며 아이 에게 귀를 통해 언어를 배우게 하는 방법보다 더 나은 특별한 방 법도 없다. 이 순간 다들 의문이 들 것이다.

'나는 아이에게 발음 중심으로 말을 가르쳤을까, 통단어로 가르 쳤을까? 아니면 그냥 귀를 통해 말로 하는 언어만 들려주었을까?'

이런 의문도 들 것이다.

'당시 아이는 얼마나 잘 배웠을까?'

만약 당신의 아이가 언어를 잘 듣고 말하도록 배웠다면 그 방법은 꽤 괜찮은 방식이었다는 뜻이다.

우리 연구소에서 어린아이에게 읽기를 가르칠 때 사용하는 방법은 흑마술도 연금술도 아니다. 그저 아이에게 읽는 법을 가르치는 깔끔하고 정연하고 체계적인 방법일 뿐이다. 이 방법은 아이의 뇌가 어떻게 발달하는가에 대한 이해, 그리고 뇌손상 아동 및 수많은 일반적인 아이들과 함께한 경험에 기초했다. 그러나 이 방법 역시 어린아이에게 읽기를 가르칠 수 있는 좋은 방법 가운데 하나일 뿐이다.

그렇다. 위의 오해는 사실이다. 아주 어렸을 때부터 읽기를 가르치면 아이가 발음 중심 학습법을 건너뛸 수도 있다. 그런데, 오히려 그 편이 좋은 일 아닐까?


**오해 6. 너무 일찍 읽기를 배운 아이는 읽기에 문제가 생길 것이다.**

진실: 그럴지도 모른다. 그러나 이때 생기는 문제는 보통의 시기에 읽기를 배울 때 생길 수 있는 문제보다 더 사소하다. 읽을 수 있는 아이는 읽기 문제를 겪지 않는다. 읽지 못하는 아이가 읽기 문제를 겪는다.

**오해 7. 너무 일찍 읽기를 배운 아이는 소중한 어린 시절을 빼앗기게 된다.**

진실: 아이와 읽기 교육에 관련된 모든 금기들 가운데 이 오해야말로 가장 어이없는 이야기다. 환상으로 가득한 옛이야기가 아닌, 현실의 삶과 사실들을 살펴보자.

보통의 2세와 3세 아이들은 하루의 매 순간을 무언가에 푹 빠져 보내고 있을까? 그 어떤 일보다 즐거운 일을 하며 가장 기쁜 시간을 보내고 있을까? 사실 아이가 가장 하고 싶어 하는 일은 매 순간 가족과 함께하며 공부하고 노는 것이다. 가족의 온전한 관심과 비교할 수 있는 것은 아무것도 없다. 만약 아이가 원하는 대로 세상을 꾸릴 수 있다면, 아이는 가족의 관심을 항상 독차지할 수 있도록 만들 것이다.

그러나 우리 사회, 우리 문화, 우리 시대에 과연 어떤 아이가 그런 어린 시절을 보내고 있는가? 그렇게 하고 싶어도 수많은 현실적인 문제들이 계속해서 그 시간을 방해한다. 예를 들어, 집은 누가 청소할 것이며 빨래는 누가 할 것이며 다리미질은 또 누가 하고 저녁 식사는 누가 준비할 것인가? 설거지는 누가 하고 쇼핑은 누가 할 것인가? 우리가 알고 있는 대부분의 가정에서 여전히 이러한 일들을 하는 사람은 바로 엄마다.

영리하고 참을성 있는 엄마라면 이제 2세가 된 자녀와 함께 시간을 보낼 방법을 찾아낸다. 예를 들면 설거지하기 놀이를 제안하는 것이다. 이렇게 하면 집안일도 우아하게 할 수 있다. 그러나 우리가 아는 대부분의 엄마는 그런 식으로 집안일을 자녀와 공유하지 못했다. 그 결과 배려심 많은 엄마를 둔 보통의 2세 아이들이 제 시간의 상당 부분을 제발 안전 울타리 밖으로 꺼내 달라고 고통에 찬 비명을 지르며 보내고 있다. 엄마는 아이가 감전당할까 봐, 넘어져 부딪칠까 봐, 손을 벨까 봐, 창밖으로 떨어질까 봐, 안전 울타리 안에 집어넣는다.

이 시간이 과연 읽기를 배우지 않는 대신 지켜지고 있는 '소중한 어린 시절'인가? 우리가 알고 있는 거의 모든 가정에서 이런 모습이 실제로 벌어지고 있다. 만약 이런 일이 벌어지고 있지 않다면 이 부모는 2세 아이를 향해 거의 매 순간을 집중할 수 있는 사람이다. 이런 부모라면 걱정할 게 전혀 없으며 2세 자녀는 이미 읽는 법을 알고 있을 가능성도 상당히 높다. 하루 종일 손뼉치기만 하면서 보낼 수는 없으니 당연히 읽기를 가르칠 수밖에 없지 않겠는가?

제아무리 바빠도 자녀가 어릴 때 아이와 함께 보낼 시간을 마련하는 것을 중요하게 생각하지 않는 엄마는 단 한 사람도 본 적이 없다. 문제는 그 시간을 가장 보람 있게, 가장 행복하게, 가장 유용하게 보내는 방법을 찾아내는 것이다. 실제로 부모는 보다 행복하고 보다 능력 있고 보다 창조적인 아이로 키우기 위해 단 1분도 허투루 낭비하고 싶지 않다.

아동 발달을 연구하는 집단의 구성원으로서 우리는 엄마와 어린아이가 함께 단 몇 분을 할애해 할 수 있는 일 중에서 읽기만큼 생산적이고 즐거운 방법이 없다는 것을 알게 되었다. 아이가 단어와 문장과 책이 의미하는 바를 배울 때 부모와 아이가 함께 깨닫는 기쁨은 그 무엇에도 견줄 수가 없다. 이것이야말로 진정 소중한 어린 시절에만 느낄 수 있는 커다란 성취감이다.

다시 마사 이야기로 돌아가 보자. 마사의 아버지는 책을 통해 자신의 경험을 간략하고도 정확하게 정리했다.

"아이가 읽기에 몰두하지 않았다면, 그 시간은 별 의미 없는 일에 쓰였을 겁니다."

그리고 마사의 엄마는 이런 말로 마침표를 찍었다.

"마사와 저는 함께하는 시간이 너무 즐거워서 다른 사람은 신경 쓰이지 않을 정도예요. 가만 생각해 보면 좀 이기적이지 않나 싶을 정도로요."

**오해 8. 너무 일찍 읽기를 배운 아이는 '과도한 압박감'에 시달릴 것이다.**

진실: 아이에게 읽기를 가르치는 일이 지나친 부담이 될 수 있

다는 뜻이라면 틀림없이 맞는 말이다. 하지만 읽기 외에 수학, 피아노, 운동 등 어떤 것이든 역시 아이에게 부담이 될 수 있다는 점에서는 동일하다. 어떤 이유로든 아이에게 부담을 줘서는 안되며, 우리는 모든 부모에게 절대 그렇게 하지 말라고 강력히 말한다. 그러니, 아이에게 부담을 주지 마라.

그렇다면 아이에게 부담을 주는 일과 아이에게 읽기를 배울 기회를 주는 일 사이에 어떤 관계가 있는지를 물어볼 차례다. 만약 독자들이 이 책에서 소개하는 방법대로 아이에게 읽기를 가르치기로 결심했다면 대답은 분명하다. 압박감과 아이의 읽기 학습 사이에는 아무런 관련이 없다. 우리는 부모를 향해 절대로 아이에게 압박감을 주지 말라고 조언할 뿐만 아니라 부모와 자녀 둘 다 준비가 되어 있고, 읽기를 원할 때가 아니면 아예 읽기를 '허락해서도 안 된다'라고 조언한다.


어린아이에게 읽기를 가르칠 때 일어날 수 있는 끔찍한 결과에 대해서는 이 밖에도 엄청나게 많은 뜬소문들이 존재한다. 그러나 우리는 그간의 경험을 통틀어 불행한 결과를 단 한 건도 목격하지 못했다. 우리가 전해 들은 무시무시한 예측들은 모두 뇌의 발달 과정에 대한 무지에서 비롯되었으며, 읽기는 그 발달 과정의 일부가 되어야 한다.

여기서 이 책이 추구하고자 하는 가장 중요한 주장 한 가지를 다시 한번 반복해야겠다. 신경학적인 관점으로 볼 때 읽기는 학교에서 배우는 하나의 과목이 절대로 아니다. 읽기는 뇌의 기능이다. 듣기가 뇌의 기능인 것처럼 읽기도 뇌의 기능이다.

아이가 배우는 과목 가운데 '지리'와 '철자법'과 '도덕'과 '듣기'가 있다면 사람들은 어떤 반응을 보일까? '아니, 학교 과목에 무슨 듣기가 있어?'라고 말할 것이다. 그렇다, 듣기는 뇌가 하는 일이지 학교에서 가르칠 수 있는 과목이 아니다. 그리고 읽기 역시 마찬가지다.

그러나 '철자법'은 적절한 학교 과목이 맞다. 훌륭한 솜씨로 읽을 수는 있지만 철자는 모르는 아이가 있을 수 있다. 이 두 가지는 서로 다른 일이고 완전히 개별적인 과정이다. 읽기는 뇌가 하는 일이고, 철자법은 읽기와 쓰기를 정연하게 할 수 있도록 사람들이 고안해 낸 특정한 규칙에 관한 과목이다.

철자를 가르치는 교사는 인류가 축적해 온 지식의 총체에서 비롯된 사실들을 전달하는 것이다. 그러나 아이가 글을 읽을 때 뇌는 단어의 철자 구조가 아니라 그 글의 의미를 해석한다.

이제 다음 두 가지 질문을 스스로에게 던져 보자.

① 아이는 자기가 철자를 모르는 단어를 읽을 수 있는가?

　→ 물론이다. 그것도 아주 많이.

② 아이는 자기가 읽을 수 없는 단어의 철자를 쓸 수 있는가?

　→ 당연히 할 수 없다.


　읽기는 뇌의 기능이고 철자는 하나의 규칙 체계다. 우리는 철자를 모르는 단어도 읽고 이해할 수 있다. 심지어 발음하지 못하는 단어조차 읽고 이해할 수 있다.

　최근에, 박사 학위까지 받은 박학다식한 교수가 '논문 초록 epitome'이라는 단어를 잘못 발음하는 것을 들은 적이 있다. 그는 분명히 그 단어를 수년간 사용해 왔을 테지만, 발음은 틀렸던 것이다. 이유는 그가 그 단어를 '읽음으로써' 배웠기 때문이며, 우리 대부분이 대략 10만여 개의 어휘를 그런 식으로 습득한다.

　우리가 실제로 학교에서 배운 단어는 몇 개나 될까? 아마 몹시 적은 양일 것이다. 사실 우리는 무수히 많은 구어체 어휘를 알고 있는 상태에서 학교에 간다. 학교에서 배우는 것은 기껏해야 몇천 개의 단어를 읽고 쓰는 방법이다. 나머지 수십만 개의 단어는 듣고, 읽고, 사전을 찾으면서 스스로 배운다.

　위에 언급한 말들이 아이에게 철자 쓰는 법을 가르쳐서는 안 된다는 뜻으로 들리는가? 물론 아니다. 철자법은 매우 적절한 학교 과목이고 가장 중요한 과목이기도 하다.

어쩌면 언젠가는 누구나 이런 결론에 도달할지도 모른다. 어린아이들이 듣기를 집에서 배우듯이 읽기도 집에서 배워야 한다고. 그렇게 된다면 아이에게는 축복이고, 엄마에게는 더없이 좋은 기회이고, 과중한 업무에 시달리는 교사에게도 큰 도움이 될 것이다(교사는 인류가 축적해 온 놀라운 지식의 보고를 제자들에게 전달할 시간이 그만큼 늘어날 것이다). 또 재정과 건물, 직원이 모두 부족한 학교에도 축하할 일일 것이다.

주위를 둘러보고 학교 안의 진정한 문제는 누구인지 살펴보자. 학교 내 각 학급별로 상위 10명 안에 드는 학생들의 공통점은 무엇일까? 이들은 전부 읽기를 잘하는 아이들이다. 즉, 읽지 못하는 아이들이야말로 오늘날 교육의 가장 큰 문제다.

# How to Teach Your Baby to Read

# 5장

# 아이에게 읽기를 가르치는 5가지 방법

엄마는 도공, 아이는 진흙이다.

- 위니프레드 색빌 스토너

# 아이와 읽기 훈련을 시작하기 위한 워밍업

✳

대부분의 교육서는 '지시 사항을 정확히 따라야 효과가 있다'라는 말로 시작한다. 그러나 아이에게 읽기를 가르칠 때는 다르다. 아무리 부족하더라도 전혀 하지 않았을 때보다는 성과가 있다. 그러므로 읽기를 가르치는 일은 아무리 서툴러도 어느 정도는 이길 수 있는 게임이다.

물론, 잘 가르칠수록 아이는 더 빨리, 더 효과적으로 배운다. 읽기 학습을 '잘 짜인 게임'처럼 접근하면 아이도 부모도 즐거울 수 있다. 하루에 30분도 채 걸리지 않는다.

아이에게 읽기를 가르치는 법을 살펴보기 전에, 아이 자체에 대해 기억해 두어야 할 기본 요점들을 알아보자.

① 5세 이하의 아이는 어마어마한 양의 정보를 쉽게 흡수할 수 있다. 4세 이하는 더 쉽고 효과적이며 3세 이하는 훨씬 더 쉽고 효과적이며 2세 이하는 가장 쉽고 효과적이다.

② 5세 이하의 아이는 놀라운 속도로 정보를 받아들일 수 있다.

③ 5세 이전에 아이가 받아들이는 정보가 많을수록 더 잘 기억하게 된다.

④ 5세 이하의 아이는 어마어마한 양의 에너지를 갖고 있다.

⑤ 5세 이하의 아이는 배우고자 하는 욕구가 엄청나다.

⑥ 5세 이하의 아이는 읽기를 배울 수 있고 배우고 싶어 한다.

⑦ 5세 이하의 아이는 하나의 언어를 모두 배우고 그밖에 다른 언어도 배울 수 있다. 말로 하는 언어와 마찬가지로 하나 이상의 언어를 읽을 수 있다.

## 읽기 교육에 관한 8가지 기본사항

### 1. 언제부터 아이에게 읽기를 가르쳐야 하는가?

아이에게 읽기를 언제부터 가르쳐야 하는가는 매우 흥미로운 질문이다. 아이가 무언가를 배울 준비를 마치는 시점은 언제일까?

한 엄마가 유명한 아동 발달 전문가에게 과연 몇 살에 아이를 가르치기 시작해야 좋을지를 물었다.

"자녀분이 언제 태어났지요?" 전문가가 물었다.

"아, 지금 5세예요." 엄마가 답했다.

"부인, 빨리 집으로 달려가세요. 그 아이 인생에서 가장 중요한 5년을 허비하셨어요."

2세를 넘으면 읽기가 점점 어려워진다. 자녀가 5세라면 6세보다는 쉬울 것이다. 4세가 더 쉽고 3세가 더 쉽다. 아이가 아직 돌이 안 되었는데 최소한의 시간과 에너지를 들여 아이에게 읽기를 가르치고 싶다면 지금이 최적의 시간이다. 출생 직후부터 언어 학습은 시작될 수 있다. 실제로 부모는 아이의 출생과 동시에 말을 건네며 청각 경로를 키워 준다. 눈을 통해서도 언어를 전달할 수 있다. 이렇게 하면 아이의 시각 경로를 키워 줄 수 있다.

아이에게 읽기를 가르치는 시점이 빠를수록 유리하다는 것은 분명하다. 그렇다면, 효과적으로 가르치기 위해서는 무엇이 중요할까?

다음은 아이에게 읽기를 가르칠 때 기억해야 할 두 가지 필수 사항이다.

① 부모의 태도와 접근 방식

② 글자의 크기와 정돈된 정도

## 2. 부모는 어떤 마음가짐으로 임해야 하는가?

배움은 인생의 가장 위대한 모험이다. 배움은 바람직하고, 중요하며, 피할 수 없는 것일 뿐만 아니라 무엇보다도 가장 대단하고 자극적인 게임이다. 아이는 언제나 이를 믿는다. 우리가 절대로 사실이 아니라고 설득하지만 않는다면 말이다.

가장 중요한 원칙은 부모와 자녀 모두 재미있는 게임을 대하듯 읽기에 즐겁게 접근해야 한다는 점이다. 배움은 인생에서 가장 신나는 게임이지, 일이 아니다. 배움은 보상이지, 벌이 아니다. 배움은 즐거움이지, 허드렛일이 아니다. 배움은 특권이지, 박탈이 아니다. 부모는 이 사실을 항상 기억해야 하며 아이 안에 자리 잡은 자연스럽고 긍정적인 태도를 깨뜨려서는 안 된다.

절대로 잊어서는 안 되는 규칙이 하나 더 있다. 당신도 아이도 즐겁지 않다면 당장 가르치는 일을 중단하라. 무언가 잘못하고 있다는 뜻이다.


## 3. 가르치기 좋은 최적의 시기는 언제인가?

엄마 본인도 자녀도 행복하고 타당하다는 느낌이 들지 않으면 절대로 해서는 안 된다. 아이가 짜증을 내거나 피곤해하거나 배가 고픈 상태라면 읽기 활동을 시작하기에 적절한 때가 아니다. 엄마가 기분이 언짢거나 내키지 않는다면 역시 읽기 활동을 시작하기에 적절한 때가 아니다. 상황이 나쁜 날이면 읽기 활동은 전혀 하지 않는 게 좋다. 엄마라면 누구나 아이와의 관계가 잘 풀리지 않거나 일이 매끄럽게 진행되지 않는 순간을 경험해 보았을 것이다. 이런 날이면 읽기 활동을 미뤄 두는 편이 현명하다. 기분이 언짢은 날보다는 행복한 날이 더 많다. 가장 기분 좋고 행복한 순간을 택해야 읽기를 배우는 즐거움이 향상될 것이다.

아이가 피곤해하거나 기분이 나쁘거나 배가 고플 때는 어떤 것도 가르치려 들지 마라. 아이를 괴롭히는 원인이 무엇인지 찾아내 이것부터 해결하라. 그런 다음 읽기를 가르치는 기쁨으로 돌아가 함께 즐거운 시간을 보내라.

### 4. 가르치는 시간은 어느 정도가 적당한가?

언제나 활동은 아주 짧게 진행한다. 처음에는 하루 세 번, 각기 몇 초 정도로 끝내야 한다. 그리고 부모는 대단한 선견지명을 발휘해 언제 활동을 끝내야 할지를 결정해야 한다.

항상 '아이가 끝내고 싶어 하기 전에' 끝내라. 아이가 알기도 전에 아이의 생각을 알아채고 멈추는 게 부모가 할 일이다. 부모가 이러한 규칙을 잘 지킨다면 아이가 먼저 부모에게 읽기 게임을 하자고 졸라 댈 것이다. 그러면 부모는 배움을 향한 아이의 자연스러운 욕구를 파괴하지 않고 오히려 육성할 수 있다.

## 5. 어떤 방식으로 가르쳐야 하는가?

한 차례의 읽기 수업이 5개의 단어로 구성될지, 문장으로 구성될지, 책 한 권으로 구성될지는 부모의 열정에 달려 있다. 아이들은 배우는 것을 좋아하고 아주 빨리 배운다. 그러므로 자료는 아주 빠르게 보여 주어야 한다. 그러나 어른들은 거의 모든 것을 아이에게 느리게 보여 준다. 게다가 아이가 가만히 앉아 우리가 보여 주는 자료를 물끄러미 바라보기를 기대한다. 그렇게 해야 자료에 집중하는 것처럼 보이기 때문이다. 다시 말해 아이가 배우고 있다는 걸 증명하기 위해 조금 불행해지기를 바라는 것이다. 그러나 아이들은 배움을 고통으로 여기지 않는다. 어른들이 그렇게 여길 뿐이다.

단어 카드는 되도록 빠르게 보여 주자. 하다 보면 점점 더 능숙해질 것이다. 편안해질 때까지 아빠와 함께 연습을 해 보는 것도 좋다. 대신 자료는 빠르게 보여 주고 넘어가도 쉽게 알아볼 수 있도록 큼직하고 뚜렷하게 만들자.

자료를 보여 주는 속도를 높여 가다 보면 이 과정이 다소 기계적으로 되어서 자연스러운 열정이나 목소리의 '음률'이 사라질 수 있다. 하지만 속도는 빠르게 유지하면서도 열정과 따뜻함을 유지하는 것은 매우 중요하다.

읽기 시간에 보이는 아이의 관심과 열정은 다음 세 가지와 밀접한 관계가 있다.


① 자료를 보여 주는 속도

② 새로운 자료의 양

③ 엄마의 즐거운 태도


열정적이고도 영리한 아이에게 수업의 속도는 성공과 실패를 가르는 중요한 요인이다. 아이들은 대상을 물끄러미 바라보지도 않고, 그럴 필요도 없다. 그저 스펀지처럼 즉시 흡수할 뿐이다.


## 6. 새로운 자료를 어떻게 소개할 것인가?

이 시점에서 아이들이 과연 어떤 속도로 읽기를 배워야 하는가를 이야기하고 넘어가는 게 좋겠다.

1963년 5월 11일자 〈새터데이 리뷰 Saturday Review〉의 한 기사를 통해 미국의 시인 존 치아디 John Ciardi는 이렇게 말했다. "아이에게 새로운 지식을 줄 때는 그 아이가 느끼는 행복한 배고픔의 속도에 맞춰야 한다."

이 말은 위 질문에 대한 완벽한 답이다. 아이의 주도를 따르는 것을 두려워하지 마라. 아이의 배움에 대한 갈망과 습득력을 알면 아마 놀랄 것이다.

우리는 '주어진 20개의 단어를 완벽하게 외워야 한다'라고 가르치는 세상에서 컸다. 우리가 보는 시험의 기준은 주어진 단어를 100퍼센트 외웠는가에 달렸었다.

그런데, 단어 20개를 100퍼센트 아는 것보다는 단어 2,000개를 50퍼센트만 아는 쪽이 훨씬 낫다. 2,000개의 단어가 20개보다 훨씬 많다는 것은 직관적으로 알 수 있다. 그러나 여기서 핵심은 숫자가 아니다. 아이에게 21번째 단어를 보여 주었을 때와 2,001번째 단어를 보여 주었을 때 벌어지는 변화가 더 중요하다. 여기에 유아교육의 비결이 숨어 있다.

20개의 단어를 질리도록 본 아이에게 21번째 단어를 내밀면 아이는 흥미를 잃고 도망칠 것이다. 이는 전통적인 교육에 따르는 기본 원칙이다. 어른들은 이 방법이 얼마나 치명적일 수 있는지 경험으로 잘 알고 있다. 우리 역시 이런 시간을 12년이나 겪었기 때문이다.

그러나 빠른 속도로 2,000개의 단어를 접한 아이는 2,001번째 단어를 열정적으로 기다리게 된다. 모든 아이가 품고 있는 자연스러운 호기심과 배움에 대한 사랑이 자연스럽게 발현되기 때문이다. 안타깝게도 첫 번째 방법은 배움에 대한 문을 영원히 닫아 버린다. 두 번째 방법은 배움의 문을 활짝 열고 다시는 문이 닫히지 않게 한다.

사실 아이들은 부모가 가르쳐 주는 것의 50퍼센트보다 더 많은 양인 80퍼센트에서 100퍼센트 정도를 배우게 된다. 그러나 그만큼 많은 양의 자료를 제공하고 그 가운데 50퍼센트만 배운다 해도 얼마나 행복하고 건강한 일인가? 그게 바로 중요한 사실이다.

### 7. 어떻게 일관성을 유지할 것인가?

일단 학습을 시작하면 일관성 있게 지속시키고 싶어질 것이다. 그러니 처음부터 자료를 체계화하는 현명한 자세가 필요하다. 작고 소박하더라도 즐겁게 지속되는 학습이 지나친 욕심 탓에 부담만 얻게 되는 학습보다 훨씬 성공적이다. 열정적으로 시작했다가 일관성 없이 끊어지는 학습은 효과가 없다. 자료는 반복적으로 꾸준히 봐야 습득할 수 있다. 아이들은 무언가를 진정으로 알게 될 때 즐거움을 느끼며 이는 매일 꾸준히 학습을 진행할 때 가장 잘 성취할 수 있는 감정이다.

그러나 때로는 며칠 동안 학습을 쉬어야 할 때도 있을 것이다. 쉼이 너무 잦지만 않다면 괜찮다. 간혹 몇 주 혹은 심지어 몇 달 동안 학습을 중단해야 할 수도 있다. 예를 들어 집안에 새로 아이가 태어났다거나 이사, 여행, 질병 등의 이유로 일상이 크게 흔들리는 경우가 있다. 이와 같은 동요의 시기에는 학습을 완전히 중단하는 게 최선의 방책이다. 차라리 이 시간에는 아이에게 책을 읽어 주자. 일주일에 한 번 정도 도서관으로 나들이를 가거나 매일 조용한 독서 시간을 갖는 등 잠깐씩 짬을 내면 된다. 어설프게 학습을 진행할 바에는 쉬는 게 낫다. 그렇게 되면 부모도 아이도 스트레스만 받을 뿐이다.

다시 일관된 학습 루틴으로 돌아갈 준비가 되면 처음으로 돌아가 다시 시작하는 대신 마지막에 멈췄던 그 지점부터 다시 이어 가면 된다. 가벼운 방식이든, 좀 더 체계적인 방식이든 상황에 맞게 지속할 수 있는 방법을 택하자. 아이의 즐거움과 자신감이 나날이 자라는 모습을 확인할 수 있을 것이다.

## 8. 자료는 어떻게 준비해야 하는가?

아이에게 읽기를 가르칠 때 준비해야 할 자료는 정말로 간단하다. 그러나 대규모 아동뇌발달학자들이 수년간 연구해 온 성과에 기초하고 있으며, 읽기 자체가 뇌의 기능이라는 사실을 충분히 반영하여 고안된 것들이다. 아동뇌발달학자들은 어린아이의 시각 기관이 지닌 능력과 한계를 이해하고 시각적인 미숙함을 시각적인 정교함으로, 뇌의 기능을 뇌의 학습으로 이끌 수 있는 자료를 고안해 냈다.

자료는 모두 **빳빳한** 흰색 하드보드지로 만들어야 한다. 이 정도로 튼튼한 종이로 만들어야 무엇이든 곱게만 다루지는 못하는 아이들의 손을 타도 견딜 수 있다.

훈색 하드보드지를 대략 가로 50센티미터, 세로 15센티미터 정도 크기의 조각으로 잘라 충분한 양을 준비해 놓는다(단어 길이에 따라 가로 길이는 더 짧아도 좋다). 가능하면 원하는 크기로 잘려 있는 종이를 구입하라. 그러면 종이 자르는 시간을 절약할 수 있다. 실제로 해 보면 카드에 단어를 쓰는 시간보다 종이 자르는 시간이 훨씬 더 많이 걸린다. 카드의 정확한 크기에 너무 집착할 필요는 없다. 그냥 상식선에 맞게 적당한 크기를 고려하면 된다. 또 펜심이 두꺼운 빨간색 유성 매직이나 마커펜을 준비한다.

이제 훈색 종이 위에 단어를 하나씩 쓴다. 이때 각 글자의 높이는 7센티미터 정도 되게 쓴다. 글자는 아주 굵은 글씨로 써야 한다. 한 획이 대략 1센티미터 굵기가 되도록 쓴다. 아이가 단어를 알아보려면 강렬하게 써야 한다.

글씨는 깔끔하고 선명하게 써야 한다. 흘림체가 아닌 인쇄체에 가깝게 써라. 단어 주변에는 카드를 손에 쥐었을 때 손가락이 글자를 가리지 않을 정도의 여백을 두어야 한다.

가끔 손재주가 뛰어난 엄마들이 판화 기법으로 단어를 찍어 내기도 한다. 그렇게 하면 몹시 예쁜 카드가 완성되지만 시간이 너무 많이 든다. 대부분의 엄마들은 여타 직업에 종사하는 사람들보다 더 세심하게 시간을 안배해야 한다. 단어 카드는 엄청난 양을 만들어야 하므로 가능한 빠르고 효과적인 방법을 택해야 한다. 예쁜 것보다 깔끔함과 읽기 쉬운 명료함을 선택하는 편이 훨씬 현명한 자세다.

가끔은 엄마와 아빠가 함께 단어 카드를 만들기도 하는데 그런 경우 글씨체를 통일하도록 하자. 다시 말하지만 아이들은 일관적이고 신뢰할 수 있는 시각적 정보를 필요로 한다. 그래야만 도움이 된다.

카드 뒷면의 왼쪽 위 모서리에는 단어를 작게 한 번 더 적어 두자. 이 부분은 부모가 보고 읽을 것이기 때문에 크기는 편한 대로 정하면 된다. 부모가 단어를 가르칠 때 필요한 부분이기 때문에 이때는 펜이나 연필을 써도 좋다. 뒷면에 작은 글씨로 단어를 써 두지 않으면 아이에게 카드를 보여 주기 전 부모가 먼저 앞면에 적힌 단어를 봐야 하는데, 이렇게 되면 주의가 흐트러지고 단어를 보여 주는 속도도 느려진다.

처음 자료는 빨간색 글씨로 큼직하게 써야 하지만 학습을 진행하면서 점차 보통 크기의 검은색 글씨로 바꾼다. 아직 성숙하지 못한 시각 경로로는 작은 글씨를 식별할 수 없어서, 처음에는 무조건 커다란 글자로 시작해야 한다. 시각 경로가 점차 성숙해질수록 식별할 수 있는 글자의 크기는 점점 줄어든다. 처음에 큼직한 글자로 시작하는 이유는 단지 아이의 눈에 가장 잘 보이기 때문이다. 빨간색을 쓰는 이유 역시 빨간색이 아이의 시선을 더 끌기 때문이다.

일단 읽기를 가르치기 시작하면 아이들이 새로운 자료를 무척 빠른 속도로 받아들인다는 사실을 깨닫게 될 것이다. 이 사실을 아무리 강조해도 부모들은 아이들이 얼마나 빨리 배우는지를 직접 목격하고 나서야 실감하게 된다.

우리는 이미 오래전부터 일단 시작하는 게 가장 좋은 방법임을 깨달았다. 그러므로 아이에게 읽기를 가르치기 전에 최소한 200개의 단어를 준비해 두는 게 좋다. 이 정도면 당장 쓸 새 자료를 적당히 마련해 놓은 셈이다. 그렇지 않으면 계속해서 자료가 모자라 점차 속도가 느려질 것이다. 그리고 이쯤 되면 이미 보여 준 단어를 반복해서 보여 주고 싶은 유혹이 스멀스멀 찾아올 것이다. 엄마가 이런 유혹에 굴복하게 되면 읽기 학습에 커다란 차질이 빚어진다. 아이들이 절대로 용납하지 않는 한 가지는, 똑같은 걸 반복해서 보는 것이다. 부모가 저지를 수 있는 가장 큰 실수는 아이를 지루하게 만드는 일임을 명심하자.

그러니 우선 자료부터 확실히 준비하고 시작하자. 어떤 이유로든 새 자료의 준비가 늦어진다고 해서 같은 단어를 반복해서 보여 주는 식으로 간격을 메우려 하지 말자. 차라리 하루나 일주일 정도 중단하고 새 자료를 준비한 다음 그 지점부터 다시 시작하는 게 낫다.

자료 준비는 즐겁고 보람 있는 활동이다. 다음 달에 쓸 자료를 미리 준비하고 있다면 흐뭇하고 즐겁겠지만, 당장 내일 아침에 쓸 자료를 준비하고 있다면 고역일 것이다.

일단 시작부터 하고 미리미리 준비를 해 나가며, 필요한 경우에는 잠시 멈추고 다시 체계를 재정비하라. 다만 옛 자료를 반복해서 보여 주는 일은 피하도록 하자.

지금까지 설명한 좋은 가르침의 기본을 요약해서 정리하면 다음과 같다.

① 가능한 어린 나이에 시작하라.

② 항상 즐겁게 하라.

③ 아이를 존중하라.

④ 아이와 부모가 모두 행복할 때만 가르쳐라.

⑤ 아이가 멈추고 싶어 하기 전에 멈춰라.

⑥ 자료는 빨리 보여 줘라.

⑦  새 자료를 자주 도입하라.

⑧  학습은 꾸준히 진행하라.

⑨  자료를 세심하게 준비하고 미리미리 준비하라.

⑩  아이가 실패감을 경험하지 않게 하라.

# 읽기에 재미를 붙이기 위한
# 1단계: 한 단어

아이에게 읽기를 가르치기 위해 따라가야 할 길은 놀라울 정도로 단순하고 쉽다. 아이가 갓난아이든, 4세든 가야 할 경로는 본질적으로 같다.

읽기 학습의 단계는 다음과 같다.

- 1단계: 한 단어
- 2단계: 한 쌍 단어
- 3단계: 구문
- 4단계: 문장
- 5단계: 책

# 읽기 학습을 시작하기 위한 첫 관문

첫 단계는 15개의 단어로 시작한다. 아이가 15개의 단어를 모두 배우면 그다음부터는 본격적인 어휘 확장으로 나아갈 준비가 된 셈이다. 아이가 무엇이든 받아들일 자세가 되어 있으며 편안하고 기분이 좋은 상태일 때, 하루 한 번으로 시작한다.

시각적으로나 청각적으로 주의가 흐트러질 가능성이 거의 없는 곳을 선택하자. 예를 들면 라디오나 텔레비전이 켜져 있는 곳, 다른 소음이 들려오는 곳은 피한다. 가구나 그림 등 아이의 집중을 방해할 물건이 많지 않은 구석진 곳을 이용하자.

이제 재미있는 일이 시작된다. '엄마'라고 쓴 단어 카드를 아이 손이 닿지 않는 높이로 들고 뚜렷한 목소리로 이렇게 말한다.

"이건 '엄마'야."

더 이상의 설명은 하지 않는다. 세밀하게 공을 들일 필요도 없다. 1초 이상 보여 주지 말고 바로 다음 카드로 넘어간다.

이제 '아빠'라고 쓴 단어 카드를 들고 다시 한번 열정적인 목소리로 말한다.

"이건 '아빠'야."

다음 3개의 단어 역시 앞의 두 단어와 마찬가지로 보여 준다. 카드를 연달아 보여 줄 때는 카드를 앞에서 뒤로 넘기지 말고, 뒤에서 앞으로 넘기는 게 좋다. 그래야 단어 카드 뒷면에 적어 놓은 글씨를 살짝 보면서 진행할 수 있다. 그러면 아이에게 단어를 말해 주면서도 온전히 아이의 얼굴에 집중할 수 있다. 또 아이의 온전한 관심을 받을 수 있고, 아이가 카드를 쳐다볼 때 카드 앞쪽을 흘끔거리기보다 아이에게 열정적인 표정을 보여 줄 수 있다. 절대 아이가 단어를 따라 말하게 하지 마라. 다섯 번째 단어까지 모두 보여 준 다음에는 아이를 꼭 안아 주고 입을 맞추면서 확실하게 애정을 표현하자. 그리고 정말 잘했다는 말을 해 주자.

첫날은 위에 설명한 방법을 정확히 세 번 반복한다. 각 수업 사이에 최소한 15분의 휴식 시간을 갖자. 각 수업마다 단어 카드는 다른 순서로 보여 주어야 한다.

지금까지 잘 따라왔다면 읽기 수업의 첫걸음마를 무사히 뗀 셈이다(실제로는 기껏해야 3분 정도 소요된다).

둘째 날에는 기본 수업을 세 차례 반복하고, 새로운 단어 5개를 추가해 두 번째 세트를 만든다. 새 단어들도 하루에 세 번 반복해서 보여 준다. 첫 번째 세트 역시 세 번 반복해야 하므로 수업은 총 6회가 된다.

각 수업이 끝날 때마다 아이를 아낌없이 칭찬해 준다. "넌 정말 훌륭해. 엄마(아빠)는 네가 정말 자랑스러워. 사랑한다." 꼭 안아 주면서 신체적으로 사랑을 표현하는 것도 현명한 방법이다.

이때 과자나 사탕 등을 보상으로 주어서는 안 된다. 읽기를 배우는 과정은 아주 짧은 시간 동안 이루어지기 때문에 재정 면에서도 그만큼 충분한 양의 과자를 준비할 여력이 없으며 건강 면에서 봐도 아이에게 좋을 것이 없다. 게다가 과자라니, 이토록 중요한 성취에 대한 보상으로 주기에는 부모의 사랑과 존중에 비해 초라한 보상이다.

아이들은 번개와 같은 속도로 배운다. 하루에 같은 단어를 세 번 넘게 보여 주면 금세 지루해한다. 한 단어를 1초 이상 보여 줘도 역시 집중하지 않는다. 이제는 단어를 보여 주면서 '이건 …야'라고 말하지 않고 각 단어의 이름만 말해 보자.

사흘째 되는 날, 5개의 새 단어로 이루어진 세 번째 세트를 추가한다. 이제 하루에 세 번, 5개의 단어로 이루어진 3개의 세트를 가르치게 된다. 엄마도 아이도 이제 하루에 총 아홉 번의 읽기 수업을 즐기게 된다. 각 수업은 2~3분 정도 소요된다.

이렇게 아이에게 가르치는 15개의 첫 단어는 아이가 가장 익숙해하고 즐거워하는 것들로 이루어져야 한다. 가까운 가족 구성원이나 친척, 반려동물, 좋아하는 음식, 집안의 물건, 좋아하는 활동 등이 포함되면 좋을 것이다. 아이마다 단어의 리스트는 모두 다르기 때문에, 여기에 단어 목록을 명확히 제시할 수는 없다.

# 느린 것보다는 빠른 것이 낫다

읽기를 배우는 과정에서 유일한 경고 신호는 바로 지루함이다. 절대로 아이를 지루하게 만들어서는 안 된다. 지나치게 느린 것은 지나치게 빠른 것보다 훨씬 더 지루하다. 영리한 아이는 포르투갈어도 배울 수 있다는 사실을 명심하라. 그러므로 아이가 이미 성취한 놀라운 일들을 고려해, 아이를 지루하게 만들지 말아야 한다. 아이는 이제 막 읽기 교육에서 해야 할 가장 어려운 일을 정복했다. 어쩌면 학습의 전 과정에서 가장 어려운 일을 해냈다고 볼 수 있다. 읽기야말로 모든 학습의 기초이기 때문이다.

이제 아이는 부모의 도움을 받아 가장 놀라운 일 두 가지를 해냈다.

① 아이는 시각 경로를 키웠다. 더 중요하게는 글자로 쓴 상징과 그렇지 않은 것을 뇌가 구별할 수 있게 되었다.

② 아이는 살면서 다루어야 할 가장 추상적인 개념 중 하나를 습득했다. 바로 '단어'를 읽을 수 있게 된 것이다.

# 왜 낱글자가 아닌 단어부터 가르칠까?

한 가지 짚고 넘어가자. 왜 '가, 나, 다, 라' 먼저 가르치지 않는 걸까? 이 질문에 대한 대답은 몹시 중요하다.

모든 배움의 기본 원칙은 이미 알고 있는 것에서 시작해 구체적인 것, 새로운 것, 알려지지 않은 것으로 발전해 나가다가 결국 추상적인 것으로 향해야 한다는 것이다.

이제 2세가 된 아이의 뇌에게 '가, 나, 다, 라'는 너무나 추상적이다. 아이들이 그것부터 배운다는 사실은 아이들이 그만큼 천재적이라는 사실을 입증한다. 만약 2세 아이에게 합리적인 주장을 펼칠 수 있는 능력이 주어진다면 아이는 이 상황에 어른들을 향해 분명하게 주장할 것이다.

"'가'는 왜 '가'인가요?"

그러면 부모는 어떻게 대답해야 할까?

"흠, 이게 '가'인 이유는 그러니까… 음, 이게 '가'인 이유를 모르겠니? 그러니까 '가'라는 발음을 나타내는 상징이 필요해서 '가'라는 글자를 발명해 냈는데, 그러니까, 음….."

아마 이런 식이 될 것이며, 결국 부모는 이렇게 말하게 될 것이다.

"그건 그냥 정해진 거란다. 어른들이 그렇게 정한 거지."

어쩌면 이게 가장 솔직하고 적절한 이유일지도 모른다.

다행히 부모는 지금껏 아이에게 이런 설명을 늘어놓을 필요가 없었다. 아이들은 '가'가 왜 '가'인지 이해할 수는 없지만 부모가 어른이라는 걸 알고 있고, 그 이유만으로 충분하다고 느끼기 때문이다.

어쨌든 아이들은 그럭저럭 각 글자의 시각적, 청각적 추상을 함께 배웠다. 이 두 가지 추상은 거의 무한대의 조합을 이룬다. 이 모든 것을 부모는 5세, 6세나 되어야 가르치는데, 이 나이의 아이들조차 그것들을 다 소화해 낸다는 건 기적에 가깝다. 다행히 우리는 이런 추상적인 개념을 법대생이나 의대생, 공대생에게는 가르치려 하지 않는다. 그랬다면 그들은 절대 버티지 못했을 것이다.

아이가 첫 번째 단계에서 배운 것, 다시 말해 '시각적 구별'은 아주 중요하다.

낱글자 읽기는 단어 읽기보다 재미가 없다. 누구도 '가'라는 것을 먹거나 잡거나 입거나 열어 본 적이 없기 때문이다. '바나나'는 구체적인 사물이지만 '바나나'를 이루는 낱글자인 '바', '나'는 추상적이다. 그러므로 '바'와 '나'를 먼저 배우기보다는 '바나나'라는 단어를 먼저 배우는 편이 쉽다.

또한 '가'라는 글자와 '나'라는 글자 사이의 차이보다는 '가방'이라는 단어와 '나비'라는 단어 사이의 차이가 훨씬 더 크다.

위 두 가지 사실 때문에 글자보다는 단어를 읽기가 훨씬 더 쉽다. 개별 발음이 듣기와 말하기의 기본 단위가 아닌 것처럼, 낱글자도 읽기와 쓰기의 기본 단위가 아니다. 글자는 단어를 이루는 구성 요소일 뿐이다. 이는 마치 진흙이나 목재나 암석으로 건축물을 만들지만 건축의 진짜 단위는 벽돌, 판자, 돌인 것과 같다.

낱글자를 가르치는 시기는 아이가 더 잘 읽게 되고 쓸 준비를 갖춘 이후여야 한다. 그때가 되면 아이는 인간이 왜 낱글자를 만들었는지, 왜 낱글자가 필요한지 이해하게 될 것이다.

## 아이에게 익숙한 단어부터 가르쳐라

어린아이에게 읽기를 가르칠 때는 보통 제 이름과 가족의 이름, 아이 자신에 관한 말들을 먼저 가르친다. 아이가 가족과 신체에 관해 가장 먼저 배우기 때문이다. 아이의 세상은 안에서 출발해 점점 바깥 세상으로 확장된다. 이는 교육자들이 이미 오래전부터 알고 있던 사실이다.

오래전 한 영민한 아동발달학자가 교육을 한 차원 발전시킬 수 있는 비결을 마법의 글자로 표현했다. 바로 'V. A. T.', 풀어 쓰면 시각visual, 청각auditory, 촉각tactile이다. 아이들은 보고(시각) 듣고

(청각) 느끼는 것(촉각)을 조합해 배운다는 것이다. 엄마는 "이 아기 돼지는 시장에 갔어요. 저 아기 돼지는 집에 있어요." 같은 말을 하며 논다(발가락을 접었다 폈다 하는 운율 놀이다.-옮긴이) 엄마는 아이의 발가락을 하나씩 들어 올리기도 하고, 그 말을 소리 내어 들려주기도 하고, 발가락을 살짝 눌러 주기도 한다.

이처럼, 어떤 경우든 학습은 가족과 자기 자신에 관한 단어로 시작한다. 이 중에는 '신체 부위'를 가리키는 단어도 포함된다.

| | | | | |
|---|---|---|---|---|
| 손 | 머리카락 | 다리 | 어깨 | 무릎 |
| 발가락 | 눈 | 배꼽 | 발 | 귀 |
| 입 | 손가락 | 머리 | 팔 | 팔꿈치 |
| 이 | 코 | 발꿈치 | 입술 | 혀 |

이 시점에서 새 단어를 추가하고 오래된 단어를 뺄 때 사용해야 할 방법이 있다. 첫 5일 동안 아이에게 보여 준 세 세트의 단어 묶음에서 세트당 한 단어씩 빼고 새 단어로 대체한다. 아이는 이미 일주일 동안 단어를 보았기 때문에 앞으로 매일 오래된 단어를 하나씩 뺀 다음 새 단어로 대체할 것이다. 지금으로부터 5일

뒤에는 또 새로 추가한 단어 묶음에서 제일 오래된 단어부터 하나씩 빼고 새 단어를 추가한다.

이렇게 오래된 단어 하나를 빼는 과정을 '퇴장'이라고 부르자. 퇴장한 단어는 이후 읽기 학습의 두 번째, 세 번째, 네 번째, 다섯 번째 단계에 도달하면 다시 돌아와 배움에 큰 도움을 주게 될 것이다. 단어 카드 뒷면에 연필로 날짜를 적어 놓으면 어떤 단어를 가장 오래 보여 주었고 어떤 단어를 먼저 퇴장시켜야 할지를 쉽게 알 수 있다.

학습 체계가 매끄럽게 돌아가면 이제 네 번째 세트와 다섯 번째 세트를 일일 학습 루틴에 추가한다. 역시 세트마다 오래된 단어 하나를 퇴장시키고 새 단어로 대체한다.

요약해 보면 각기 5개의 단어로 이루어진 5개의 단어 세트를, 다시 말해 총 25개의 단어를 매일 가르치게 된다. 아이는 매일 새 단어 5개를 보게 된다. 각 세트마다 새 단어 하나씩을 추가하는 대신 5개의 오래된 단어는 퇴장할 것이다.

같은 글자로 시작되는 두 개의 단어를 연속해서 보여 주는 것은 피하라. '손', '손가락', '손톱' 등을 연속해서 가르쳐서는 안 된다. 때로 아이들은 '손가락'과 '손톱'을 같은 단어라고 넘겨짚기도 한다. 이미 '가, 나, 다, 라'를 모두 배운 아이들은 낱글자를 모르는 아이들보다 이런 실수를 훨씬 더 잘 저지른다. 낱글자를 알기

## | 일일 프로그램 |

- ▶ **일일 구성** : 단어 세트 5묶음
- ▶ **한 세션** : 한 세트(5개 단어)를 한 번 보여 줄 것
- ▶ **빈도** : 각 세트마다 하루에 3번
- ▶ **자극 강도** : 7센티미터 높이의 빨간색 글자
- ▶ **지속 시간** : 5초
- ▶ **새 단어** : 매일 5개(각 세트마다 하나씩)
- ▶ **퇴장 단어** : 매일 5개(각 세트에서 하나씩)
- ▶ **각 단어의 수명** : 하루 3번 × 5일 = 총 15번 보여 줌
- ▶ **원칙** : 아이가 그만두고 싶어 하기 전에 그만둘 것

때문에 사소한 혼동을 일으키는 것이다. 예를 들어 '손가락'이라는 단어를 가르치는데 아이가 예전에 배웠던 '가'를 알아보고 이에 열광하느라 정작 '손가락'이라는 단어는 읽지 않는 문제가 생길 수 있다.

다시 한번 말하지만, 절대로 아이를 지루하게 해서는 안 된다. 아이가 지루해하면 수업의 속도가 지나치게 느리지 않은지 의심해야 한다. 아이는 빨리 배우고 싶어 하고 오히려 아이 쪽에서 읽기 놀이를 조금 더 하자고 재촉할 것이다.

학습이 원활하게 진행된다면 아이는 매일 평균 5개의 새 단어를 받아들일 수 있다. 하루 평균 10개의 새 단어를 받아들일 수도

있다. 부모가 영민하고 열정적인 자세로 임한다면 아이는 더 많이 배울 수 있다.

아이가 자기 자신에 관한 단어를 배웠다면 이제 읽기 과정의 다음 단계로 넘어갈 준비가 된 셈이다. 아이는 읽기를 배우는 과정에서 가장 어려운 두 고비를 이제 막 넘겼다. 이 단계까지 성공했다면 이제는 더 오랜 시간을 읽기에 매달리려는 아이를 말리기 힘들 것이다.

이 시점쯤 되면, 부모와 아이 모두는 이 읽기 학습을 큰 즐거움과 기대 속에서 맞이하게 된다. 지금 부모는 아이 안에 평생 지속될 배움에 대한 사랑을 심고 있다. 더 정확하게 말하자면, 아이 안에 있는 배움을 향한 열망을 강화하고 있다. 그러나 이 열망은 자칫 무의미하거나 부정적인 방향으로 왜곡될 수 있다. 그러므로 늘 기쁨과 열정을 안고 게임처럼 학습을 진행하라.

이제 아이의 주변 환경에서 익숙한 물건들을 새로운 어휘로 추가할 차례가 왔다.


## 집에 있는 물건들로 단어 카드를 만들자

'가정 어휘'는 집 안에서 흔히 볼 수 있는 물건들의 이름으로 구성되어 있다. 즉, 집에 있는 물건, 음식, 동물의 이름이다.

이제 아이는 25~30개의 단어를 읽을 수 있는 어휘력을 갖추었을 것이다. 이 시점에서 부모는 가끔 옛 단어들을 반복해서 다시 보여 주고 싶은 유혹에 시달린다. 하지만 이는 아이를 지루하게 만드니 유혹을 이겨 내야 한다. 아이들은 새 단어를 배우고 싶어 하지 이미 배운 단어를 반복해서 보고 싶어 하지는 않는다.

또 부모는 아이를 시험해 보고 싶은 유혹에도 시달릴 것이다. 다시 말하지만 절대로 안 될 일이다. 시험은 필연적으로 부모를 긴장하게 하고 예민한 아이는 이 긴장을 곧바로 알아챈다. 이는 곧 배움의 즐거움을 감소시킨다. 시험에 대해서는 다음 장에서 더 자세히 살펴보기로 하자.

아이를 얼마나 많이 사랑하고 있는지, 얼마나 존중하고 있는지 기회가 생길 때마다 표현하려고 노력하자. 읽기 수업은 언제

## | 집 안의 물건 단어 카드의 예 |

| | | | |
|---|---|---|---|
| 의자 | 탁자 | 문 | 창문 |
| 벽 | 침대 | 욕조 | 난로 |
| 냉장고 | 텔레비전 | 소파 | 화장실 |

나 웃음과 애정으로 가득한 시간이 되어야 한다. 그래야 부모와 자녀가 함께하는 노력에 대한 완벽한 보상을 얻을 수 있다.

여기에 아이의 집 안 환경과 가족에 따라 특별한 물건이 추가될 수도 있고 빠질 수도 있다. 이제 아이가 가진 물건에 관한 단어로 아이의 행복한 곳주림을 계속 채워 보자.

| 아이 물건 단어 카드의 예 |

| 트럭 | 담요 | 양말 | 컵 |
| 숟가락 | 잠옷 | 신발 | 공 |
| 자전거 | 칫솔 | 베개 | 병 |

| 음식 단어 카드의 예 |

| 주스 | 우유 | 오렌지 | 빵 |
| 물 | 당근 | 버터 | 달걀 |
| 사과 | 바나나 | 감자 | 딸기 |

**| 동물 단어 카드의 예 |**

| | | | |
|---|---|---|---|
| 코끼리 | 기린 | 하마 | 고래 |
| 고릴라 | 공룡 | 코뿔소 | 거미 |
| 개 | 호랑이 | 뱀 | 여우 |

위 목록들 역시 아이에게 특별한 의미가 있거나 좋아하는 물건을 고려해 얼마든지 바꿀 수 있다. 또 아이가 갓 돌을 지났는지, 5세인지에 따라서도 다소 달라질 것이다.

아이는 지금까지 배운 것과 정확히 같은 방식으로 단어를 배운다. 또 10~15개의 단어는 부모와 아이가 선택하는 대로 얼마든지 달라질 수 있다.

읽기 어휘(여기까지 대략 50개가 될 것이다)는 모두 명사로 이루어져 왔다. 이제 가정 어휘 중 행동을 나타내는 단어 카드에서 처음으로 동사가 도입된다.

이 단어 세트에 재미를 더하려면 엄마가 새 단어를 처음 소개할 때 점프를 하면서 "엄마는 뛰어요."라고 말해 준다. 그러면서 아이도 뛰게 하고 "○○(이)도 뛰어요."라고 말해 준다. 다음으로 단어 카드를 보여 주면서 "이건 '뛰다'라고 읽는단다."라고 말하면

| | | | |
|---|---|---|---|
| 마시다 | 자다 | 읽다 | 걷다 |
| 던지다 | 달리다 | 뛰다 | 헤엄치다 |
| 웃다 | 올라가다 | 기다 | 앉다 |

된다. 이런 식으로 행동에 관한 단어를 모두 가르친다. 아이는 특별히 즐거워할 것이다. 아이와 부모가 함께 움직이며 단어를 배우는 시간이기 때문이다.

## 다음 단계로 나아가기 위한 점검

기본적인 가정 어휘를 배웠으면 한 단계 앞으로 나갈 준비가 되었다. 지금까지 아이는 50개가 넘는 단어를 읽고 배웠다. 또 부모와 아이 모두 즐거운 분위기에서 읽기를 배웠다. 다음 단계로 넘어가려면 이 두 가지 사항이 모두 지켜지고 있어야 한다. 다음 단계는 읽기 학습 과정의 마지막이 시작되는 시점이기 때문이다.

자녀에게 읽기를 가르치는 일을 부모가 의무나 책임으로 생각하기보다 순수한 기쁨으로 여긴다면(이상적인 자세다) 부모도 자녀도 매일의 학습이 엄청나게 즐거워야 정상이다.

존 치아디는 이렇게 말했다.

"만약 아이와 놀아 주는 일을 진정으로 즐거워하는 부모 밑에서 자란다면 그 아이는 사랑받고 있는 것이다."

이는 사랑과 놀이와 배움이 공존하는 이상적인 부모-아이 관계를 가장 적절하게 설명한 말로 아이에게 읽기를 가르치는 동안 부모가 항상 유념해야 할 태도다.

부모가 또 기억해야 할 사실은 아이들은 말로 듣든, 글자로 쓰든 상관없이 단어에 대해 무한한 호기심을 갖고 있다는 것이다. 어떤 이유에서든 아이가 어떤 단어에 흥미를 보인다면 당장 그 단어를 어휘 목록에 추가해야 한다. 아이가 먼저 호기심을 보이며 물어본 단어라면 훨씬 더 쉽고 빠르게 배울 것이다.

아이가 "엄마, 코뿔소가 뭐야?" 혹은 "현미경이 무슨 뜻이야?"라고 묻는다면 질문에 세심하게 대답해 주고 곧바로 해당 단어를 카드로 만들어 읽기 어휘에 추가하라.

아이는 스스로 물어본 단어를 읽을 때 특별한 자부심과 기쁨을 느낄 것이며, 그것은 읽기 학습의 또 다른 강력한 동기가 된다.

# 어휘를 확장시키는
# 2단계: 한 쌍 단어

✳

아이가 한 단어로 이루어진 기본적인 읽기 어휘를 습득했다면 이제 이 단어들을 모아 한 쌍으로 만들 준비가 된 셈이다(한 쌍 단어란 두 단어가 조합을 이루는 말이다).

이는 개별 단어와 전체 문장 사이에 거쳐야 할 매우 중요한 중간 단계다. 한 쌍 단어는 개별 단어와 문장 사이의 다리 역할을 한다. 물론 단어를 문장으로 구성하여 읽는 것은 다음으로 추구해야 할 커다란 목표다. 그러니 한 쌍 단어라는 중간 단계를 거쳐야 쉽게 다음 단계로 넘어갈 수 있다.

# 어떤 단어끼리 조합해 한 쌍 단어를 만들 것인가?

이제 엄마는 아이의 어휘를 점검해 보고 이미 가르친 단어를 이용해 어떤 한 쌍 단어를 만들지를 결정해야 한다. 이해가 쉬운 한 쌍 단어를 만들기 위해 아이의 어휘 속에 수식어가 필요하다는 사실을 곧 깨달을 것이다.

한 쌍 단어를 만들 때 아주 유용하고 가르치기에도 쉬운 단어군으로 기본 색깔들이 있다.

**| 색깔 단어 카드의 예 |**

| | | | |
|---|---|---|---|
| 빨간색 | 보라색 | 파란색 | 주황색 |
| 검은색 | 분홍색 | 노란색 | 흰색 |
| 회색 | 초록색 | 갈색 | 자주색 |

이 단어를 카드로 만들 때는 카드 뒷면에 해당 색을 네모 모양으로 칠해 놓아도 좋다. 그러면 읽기 단어를 가르치면서 카드를 뒤집어 색깔 자체를 보여 줄 수도 있다.

어린아이는 색깔을 빠르고 쉽게 배울 수 있으며 어디를 가든 눈에 보이는 색깔을 가리키면서 커다란 기쁨을 누릴 수도 있다. 기본색을 모두 배운 다음에는 보다 세밀한 색깔의 세계를 탐험할 수도 있다(남색, 하늘색, 연두색, 올리브색, 금색, 은색, 적갈색 등).

기본색에 관한 단어를 소개한 다음 이제 아이가 처음으로 배웠던 단어 세트와 함께 한 쌍 단어를 만들 수 있다.

**| 색깔 단어를 활용해 만든 한 쌍 단어 카드의 예 |**

| | |
|---|---|
| 주황색 주스 | 분홍색 발가락 |
| 파란색 눈 | 보라색 포도 |
| 빨간색 트럭 | 갈색 머리 |
| 노란색 바나나 | 초록색 사과 |
| 검은색 구두 | 흰색 냉장고 |

한 쌍 단어는 양쪽 단어를 모두 알고 있을 때 훨씬 더 잘 배울 수 있다. 한 쌍 단어에는 아이를 만족시키는 두 가지 요소가 포함되어 있다. 첫째, 아이는 이미 알고 있는 옛 단어를 보고 몹시 즐거워한다. 둘째, 각 단어를 이미 알고는 있지만 이것들을 조합하

면 새로운 의미를 만들 수 있다는 사실을 발견하게 된다. 아이에게는 몹시 흥미로운 일이다. 드디어 글자로 된 세계의 마법을 이해할 수 있는 문을 열어젖힌 것이다.

부모는 만들어 놓은 한 쌍 단어를 각기 5개씩 묶어 모두 2개의 세트로 나눈다. 각 세트는 5일 동안(혹은 그 이하) 하루에 세 번 보여 준다. 5일이 지나면 각 세트에서 1개의 한 쌍 단어를 추가하고 오래된 한 쌍 단어를 퇴장시킨다.

이 단계를 계속 밟아 가려면 수식어가 더 필요해질 것이다. 이 경우 반대말을 이용하면 좋다.

**| 반대말 단어 카드의 예 |**

| | | | |
|---|---|---|---|
| 커다란 | 작은 | 긴 | 짧은 |
| 두꺼운 | 얇은 | 깨끗한 | 더러운 |
| 행복한 | 슬픈 | 단 | 쓴 |
| 밝은 | 어두운 | 오른쪽 | 왼쪽 |

아이의 연령과 경험에 맞게 카드 뒷면에 그림 설명을 첨가할 수도, 안 할 수도 있다. '커다란'과 '작은'은 어린아이도 이해할 수 있는 단순한 개념이다. 형이나 누나가 자기보다 더 '큰' 것을 받았을

때 이를 즉각 알아차리지 못하는 아이가 세상에 어디 있겠는가?

어른들은 이러한 개념을 추상적으로 바라보는 경향이 있다. 실제로 추상적인 개념이기는 하지만 아이의 세계에서는 상대적으로 단순하고 직관적으로 인식할 수 있는 개념이기 때문에 논리적이면서 직접적인 방식으로 소개하면 아이는 금세 이해한다. 특히 아이의 일상적인 생존과 밀접한 관계가 있는 단어들이기 때문에 아이에게는 매우 중요한 말이다.

반대말을 배웠다면 이제 다음과 같은 한 쌍 단어를 보여 줄 수 있다.

**| 반대말을 활용한 한 쌍 단어 카드의 예 |**

| | |
|---|---|
| 큰 의자 | 작은 의자 |
| 긴 머리 | 짧은 머리 |
| 오른쪽 손 | 왼쪽 손 |
| 깨끗한 옷 | 더러운 옷 |
| 두꺼운 책 | 얇은 책 |
| 밝은 방 | 어두운 방 |

# 문장으로 넘어가기 위한 3단계: 구문

✳

한 쌍 단어에서 구문으로 건너뛰는 방법은 아주 간단하다. 단어 카드 조합 사이에 조사 단어를 집어넣어 아주 기본적인 짧은 문장을 만들면 된다.

**예시**

- 엄마가 뛴다.
- 빌리가 읽는다.
- 아빠가 먹는다.

기본 어휘 50~70개만으로도 무수히 많은 조합을 만들 수 있다. 간단한 구문을 가르치는 훌륭한 방법 세 가지가 있다. 현명한 엄마라면 하나의 방법만을 사용하기보다 이 세 가지 방법을 모두 사용할 것이다.

**첫째,** 조사 '이, 가'라는 단어 카드를 만든다. 주어가 될 사람이나 동물 단어 카드 5개와 조사 단어 카드 5개, 행동 단어 카드 5개를 가지고 자리에 앉는다. 각 세트에서 하나씩을 골라 구문을 만든다. 이렇게 만든 구문을 아이에게 읽어 준다. 그다음, 아이에게도 각각의 카드 모음에서 하나씩 골라 구문을 만들어 보게 하고 부모가 읽어 준다. 함께 3~5개의 구문을 만들어 본다. 그다음 카드를 치운다. 이 게임은 아이가 좋아하는 만큼 자주 해도 좋다. 이때 게임이 지루해지지 않게 하려면 명사와 동사를 종종 바꿔

| 단어 카드를 조합해 만든 구문의 예 |

| | | |
|---|---|---|
| 엄마 | 가 | 먹는다 |
| 아빠 | 가 | 잔다 |
| 누나 | 가 | 웃는다 |
| 트럭 | 이 | 달린다 |
| 공룡 | 이 | 걷는다 |

쥐야 한다는 사실을 잊지 말자.

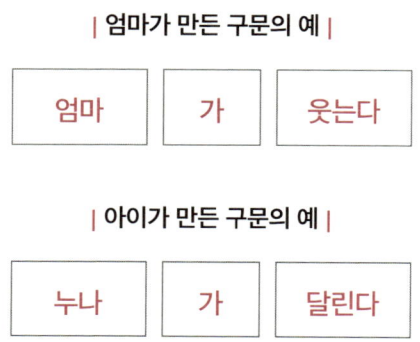

둘째, 20센티미터×60센티미터 내외 크기의 카드(국전지를 다섯 등분하여 사용하면 적당하다)를 이용해 5개의 구문 세트를 만든다. 한 카드에 3~4개의 단어를 쓰려면 글씨 크기를 줄여야 한다. 이제 각 글자의 높이를 7센티미터에서 5센티미터로 줄인다. 이때 단어를 너무 바짝 붙여 쓰지 않도록 조심한다. 각 단어 사이에는 여백을 충분히 남긴다. 5일 동안(혹은 그 이하) 매일 각 세트를 세 번씩 보여 준다. 그런 다음 매일 2개의 구문을 새로 추가하고 2개의 오래된 구문을 퇴장시킨다. 아이는 매우 빠른 속도로 배울 것이므로 최대한 빠르게 새로운 구문으로 넘어가는 게 좋다.

**셋째,** 짧은 문장으로 구성된 간단한 책을 만든다. 책에는 간단한 그림과 함께 총 5개의 문장을 넣는다. 페이지의 크기는 융통성 있게 선택한다. 책 크기는 40센티미터×30센티미터 내외의 크기(A4 용지를 2장 붙여 사용해도 된다)로 하고 글자는 높이 5센티미터 정도로, 색깔은 빨간색으로 쓴다. 글씨를 쓴 쪽이 앞에 나오게 하고 그림은 페이지를 넘겨서 확인할 수 있게끔 뒷장에 그린다. 아이의 일과를 담은 간단한 일기 형태로 제작하는 것도 좋다.

아이의 행동을 사진으로 찍어 책을 꾸며도 좋다. 이렇게 만든 작은 책은 아이의 성장과 발달 과정을 담은 기나긴 시리즈물의

첫 번째 책이 될 것이다. 시간과 공을 들여 부모가 만들어 준 책은 당연히 아이에게도 무척 소중한 물건이 된다.

책은 크기가 작은 10페이지짜리로 시작한다. 엄마는 이 책을 며칠 동안 매일 2~3회씩 읽어 준다. 그다음 같은 어휘들을 이용해 새로운 내용의 책을 만든다.

아이의 생활을 고스란히 담아 부모가 직접 만든 이 책은 여러 해 동안 찍은 아이의 사진들을 멋지게 활용하는 가장 의미 있는 방식이기도 하다.

# 다양한 읽기를 시도하는
# 4단계: 문장

방금 전까지 살펴본 단순한 구문은 사실 짧은 문장이기도 하다. 이제 개별 단어를 하나씩 구별할 수 있게 된 아이는 가장 중요한 단계를 밟을 준비를 마쳤다. 이제 더 복잡하고 완성된 생각을 표현하는 완전한 문장을 다룰 차례가 온 것이다.

만약 우리가 이전에 본 적이 있고 알고 있는 문장만을 이해할 수 있다면 우리의 읽기 능력은 상당히 제한적일 것이다. 그러나 새로운 책을 펼칠 때의 기대감은 전에 읽어 본 적이 없는 내용이 책에 담겨 있기 때문에 생긴다.

개별 단어를 알아보고 이 단어들이 각각 하나의 대상, 하나의 생각을 나타낸다는 것을 깨닫는 일은 읽기 학습의 기본 단계다. 그리고 한 문장 속의 개별 단어가 모여 보다 복잡한 생각을 나타낼 수 있다는 사실을 이해하는 일은 부가적이면서 필수적인 단계다.

이제 우리는 구문을 배우기 시작했을 때 도입한 방법을 다시 사용할 것이다. 지금까지 3개의 단어를 이용해 문장을 만들었다면 이제 그 이상으로 나아갈 때다. 5개의 명사와 5개의 동사 중에서 하나씩을 골라 '엄마가 먹는다'를 만들었다면 이제 여기에 5개의 목적어를 덧붙여 '엄마는 바나나를 먹는다'라는 문장을 만들 수 있다.

## 모든 조사를 다 가르칠 필요는 없다

이때 '은, 는, 을, 를' 등의 단어도 필요하지만 따로 가르칠 필요는 없다. 아이는 이 조사들을 문장의 맥락 속에서 배우게 될 것이고 문맥 밖에서는 별다른 흥미를 보이지 않을 것이다.

예를 들어, 아이는 일상 언어생활에서는 '을, 를' 등의 단어를 정확히 사용하고 이해하지만 굳이 개별 단어로 다룰 필요는 없다. 물론 개별 단어로서 이해하고 읽을 필요도 있지만 따로 개념을 설명할 필요는 없다. 사실 모든 아이는 문법 규칙을 알기 훨씬 전에 이미 정확하게 말을 할 줄 안다. 게다가 아이가 10세라도

'을, 를'이 무슨 뜻인지 어떻게 설명할 것인가? 그러니 하지 말자. 그냥 제대로 읽을 수 있는지만 확인하자.

세 번째 단계(구문)에서 설명한 세 가지 방법을 사용해 4개의 단어로 이루어진 문장을 만들고 여기에 형용사나 부사와 같은 수식어를 추가하면 문장에 생명력을 불어넣을 수 있다.

> **엄마가 노란 바나나를 먹는다.**

단어를 추가할 때마다 글자 크기를 조금씩 더 줄여야 한다. 이제 각 글자의 크기는 높이 약 4센티미터 정도로 줄어든다. 역시 각 단어 사이는 여유를 두고 띄어 쓴다.

아이와 꾸준히 문장 만들기 게임을 해 왔다면 우스꽝스럽거나 말이 안 되는 문장을 만들었을 때 아이가 얼마나 좋아하는지 알고 있을 것이다.

| 코끼리 | 가 | 된장국 | 을 | 마신다 |
|--------|-----|--------|------|--------|
| 아버지 | 가 | 딸기 | 를 | 만든다 |
| 누나 | 가 | 배꼽 | 위에 | 앉는다 |

# 유머와 재미는 학습의 흥미를 높인다

이제 부모 역시 같이 즐거워지고 싶은 마음이 들 것이다. 안타까운 한마디를 덧붙이자면 우리의 공교육은 지나치게 밋밋하고 단조로워 학습 과정에서 유머와 재미를 배제하고 있다. 그래서 가르치거나 배울 때 바보 같은 짓이나 우스꽝스러운 짓을 하면 학습에 부적절하다는 생각을 하게 된다. 그러나 재미를 위해 터무니없어지는 바로 그 타이밍이야말로 진정한 배움이 일어나는 때다. 재미가 늘어 갈수록 배움 역시 늘어난다.

문장 만들기 게임을 하다 보면 흔히 엄마와 아이가 서로 재밌는 문장을 만들려고 경쟁하게 된다. 그러다 보면 학습은 자연스럽게 시끌벅적한 분위기에서 서로 간질이고 끌어안고 흥겹게 떠들면서 마무리된다. 이 단계에서 카드나 책에 적어 놓은 문장들은 모두 지금까지 세심하게 가르쳐 온 단어들로 이루어져 있으므로 아이는 많은 문장도 빠른 속도로 배워 나갈 것이다.

아이가 알고 있는 단어가 50개 정도여도 엄마는 현명하게 수많은 문장을 만들어 낼 수 있다. 이런 방식으로 아이의 단어 숙련도는 점점 강화된다. 자신감이 높아지면 어떤 조합이나 수식으로 새로운 문장을 만들어 보여도 아이는 문장의 뜻을 제대로 해석해 낼 수 있다.

다만 아직은 엄마가 아이에게 자료를 전달하고 있다. 다시 말해 엄마가 큰 소리로 문장이나 책을 읽어 주고 있는 것이다. 아이의 연령과 언어능력, 성격에 따라 어떤 아이는 실제로 몇 개의 단어나 전체 문장을 큰 소리로 읽어 보기도 한다. 자발적인 행동이라면 괜찮지만 엄마가 먼저 아이에게 소리 내어 읽어 보라고 요구해서는 안 된다. 이 부분에 대해서는 다음 장에서 더 자세히 살펴볼 것이다.

4개 단어로 이루어진 문장에서 5개 이상의 단어로 이루어진 문장으로 나아가게 되면 당연히 전에 쓰던 책이 작게 느껴질 것이다.

이제 우리는 다음 단계로의 진화를 위해 세 가지를 진행할 것이다.

① 글씨 크기를 줄인다.
② 단어 수를 늘린다.
③ 글자 색을 빨간색에서 검은색으로 바꾼다.

우선 글자의 크기를 조금 줄이는 것부터 시작한다. 다만 아이가 어려움 없이 읽을 수 있을 만큼만 줄여야 한다. 이제 글자의 높이를 3센티미터 정도로 줄여 보자. 몇 주간 이 정도 크기를 유지해 보자. 그래도 별문제가 없다면 이제 단어 수를 늘려도 좋다는 뜻이다.

5개 단어 문장을 진행하고 있다면 이제 6개 단어 문장으로 나아가자. 그러나 글자 크기는 여전히 높이 3센티미터를 유지한다. 이렇게 6개 단어 문장을 잠시 지속한다. 원활하게 진행된다면 이제 글자 크기를 높이 2센티미터 정도로 줄인다. 이때 절대로 글자 크기를 줄이는 것과 단어 수를 늘리는 것을 동시에 해서는 안 된다. 처음에는 글자 크기만 조금 줄이고 아이가 적응한 다음 단어 수를 늘린다.

아이가 충분히 적응했다면 이제 두 가지를 함께 진행한다. 그러나 문장이 너무 길거나 복잡해서는 안 되며, 크기가 너무 작아서도 안 된다. 이 과정은 절대로 빠른 속도로 몰아치지 않아야 한다.

글자 크기를 너무 빨리 줄이거나 단어 수를 너무 빨리 늘린다면 아이의 집중력과 흥미는 금세 떨어질 것이다. 카드나 책이 시각적으로 지나치게 복잡해 보이면 아이는 글자를 아예 외면하고 오로지 엄마의 얼굴만 바라볼 것이다. 이 경우 직전에 사용했던 글자 크기나 단어 수로 돌아간다. 그러면 아이의 열정도 되돌아올 것이다. 다시 변화를 주기 전에 이 단계를 조금 더 오래 지속시켜도 좋다.

단어 하나짜리 카드를 사용할 때 크기나 색깔을 바꿀 필요는 없다. 한 단어를 큼직하게 유지하는 것이 엄마와 아이 모두에게 더 쉽고 도움이 된다. 그러나 3센티미터 높이의 글자와 6개의 단어를 한 페이지에 담아 책을 만들고자 한다면 글자 색은 빨간색에서 검은색으로 바꾸기를 권한다. 글자가 점점 작아질수록 검은색 쪽이 대비가 더 뚜렷해 읽기에 쉽고 편안하다.

이제 마지막 단계이자 가장 흥미로운 단계인 책으로 넘어갈 차례다. 사실 한 쌍 단어와 구문, 문장으로 작은 책을 여러 개 만들어 봤으므로 책 단계로 들어가는 길을 단단히 다져 놓은 셈이다. 지금까지의 단계가 뼈였다면 이제 그 위에 살을 덮을 차례다.

경로는 이미 확실히 정해졌으니 한번 나아가 보자.

# 읽기 학습을 완성하는
## 5단계: 책

✳

이제 아이는 진짜 책을 읽을 준비를 마쳤다. 사실 아이는 지금껏 집에서 수많은 책을 읽었고 그 안에 등장하는 한 단어, 한 쌍 단어, 구문과 문장을 모두 익혔다. 이제부터 읽게 될 '진짜 책'에서 아이는 그 요소들을 다시 만나게 될 것이다.

지금까지 거쳐 온 모든 단계는 첫 번째 책과 앞으로 만날 수많은 책을 제대로 읽고 이해하기 위한 성공의 열쇠이자, 기초 작업이었다. 아이는 커다란 글씨로 쓴 한 단어와 한 쌍 단어, 구문, 문장을 읽는 능력을 구축해 왔다. 그러나 이제 더 작은 글자, 더 많은 단어로 구성된 책을 읽어 내야 한다.

아이가 어릴수록 이 과정은 어렵게 느껴질 수 있다. 그러나 지금껏 아이에게 읽기를 가르치는 동안 해 온 활동들은 마치 운동으로 근육을 단련하듯 아이의 시각 경로를 단련하는 일이었음을 기억하자.

글자 크기를 너무 빨리 줄여서 아이가 아직 쉽게 읽을 수 없다면 학습의 세 번째와 네 번째 단계에서 아이가 어떤 크기의 글자를 가장 편하게 읽었는지를 기준으로 삼으면 된다. 같은 단어들이지만 단계별로 크기만 줄어들고 있으므로 아이의 시각 발달 속도가 독해력 발달 속도를 따라잡고 있는지를 매우 뚜렷하게 확인할 수 있다.

예를 들어, 5센티미터 높이의 단어로 세 번째와 네 번째 단계를 성공적으로 완수한 아이가 책을 읽을 때는 같은 단어를 잘 읽지 못한다고 해 보자. 이 경우 해결책은 간단하다. 아이가 보기에 단어가 너무 작은 것이다. 아이는 이미 5센티미터 높이의 같은 글자를 잘 읽을 수 있다. 그렇다면 부모는 아이의 수준에 맞춰 5센티미터 높이의 단어와 단순한 문장들을 준비해야 한다. 아이가 즐겁게 읽을 수 있는 단순하고도 상상력이 넘치는 문장을 만들어 보자. 이렇게 두 달 정도를 지속한 다음 다시 조금 더 작은 글자로 쓴 책으로 돌아간다. 어렵게 생각할 것 없다. 글자가 너무 작으면 어른들조차 읽기를 힘들어한다는 사실을 잊지 말자.

아이가 책 단계에 도달했을 때 3세 정도라면, 2센티미터 높이의 글자로 구성된 책도 무난히 읽어 낼 것이다. 그러나 2세 이하의 아이가 책 단계에 도달하면 아이를 위해 3~5센티미터 높이의 글자로 쓰인 책을 추가로 구입하거나 새로 만들 필요가 있다. 그래야 아이가 책을 실제로 읽을 수 있다. 이렇게 읽으면 그렇지 않았을 때보다 훨씬 더 아이의 뇌 발달을 촉진시킬 수 있다.

## 다양한 책을 읽으며 읽기 학습을 완성하라

이제 부모는 아이가 배울 책을 확보해야 한다. 지금까지 아이가 배운 한 단어나 한 쌍 단어, 구문 등이 포함된 책을 찾아라. 이때 책 선택은 몹시 중요하다. 그러므로 다음 기준을 충족시키는 책을 찾아보자.

① 50~100개의 어휘를 갖추고 있어야 한다.
② 한 페이지에 한 문장 정도가 제시되어야 한다.
③ 글자 크기는 높이 2센티미터 정도여야 한다.
④ 본문이 그림 앞에 와야 하고 글과 그림이 따로 분리되어야 한다.

그러나 한두 권의 책으로는 어린 독자의 열정과 행복을 채워줄 수 없다. 더 많은 책이 필요하다. 그러므로 이 단계에서 아이에게 적절한 양의 책을 공급하기 위한 가장 간단한 방법은, 재미있게 잘 쓰인 시중의 책을 구입해 부모가 아이에게 필요한 크기의 종이에 크고 선명한 글씨로 옮겨 적는 것이다. 다음으로 전문 일러스트레이터가 그린 원래 책의 삽화를 오려 새로 만든 책에 붙이면 된다.

가끔은 아이의 수준에 맞게 본문을 단순화해야 할 수도 있다. 또는 아름다운 그림으로 가득 찬 책을 발견했는데 정작 책 내용은 지루하고 반복적인 문장으로 구성되어 있을 수도 있다. 그럴 때는 부모가 더 정교한 어휘와 성숙한 문장 구조로 본문을 다시 써도 좋다.

책의 내용은 무척이나 중요하다. 아이들은 어른들이 책을 읽을 때와 똑같은 이유로 책을 읽고 싶어 한다. 즉 즐거움, 새로운 정보, 혹은 두 가지 모두를 바란다. 아이들도 잘 쓰인 모험담, 옛이야기, 미스터리를 즐긴다. 세상에는 이미 잘 쓰인 이야기가 많다. 또 이 순간에도 쓰이기를 기다리는 놀라운 이야기가 많다. 아이들은 소설이 아닌 이야기도 좋아한다. 실제로 유명한 사람들의 삶이나 동물에 대해 가르쳐 주는 책들은 어린아이들 사이에서 큰 인기를 끈다.

이 경우 따라야 할 가장 간단한 원칙은 부모에게도 재미있는 책을 골라야 한다는 것이다. 부모가 재미를 못 느끼는 책이라면

3세 아이 역시 큰 재미를 느끼지 못할 것이다. 유치하고 별 가치 없는 책들로 아이를 지루하게 만들기보다는 아이의 현재 능력보다 조금 위로 목표를 정해 아이가 위쪽을 향해 스스로 손을 뻗도록 하는 편이 훨씬 더 좋다.

다음 원칙들을 기억해 두자.


① 아이가 흥미를 보일 책을 고르거나 직접 만든다.

② 책을 본격적으로 읽기 전에 새로 접하게 될 어휘를 알려 준다.

③ 본문은 크고 뚜렷해야 한다.

④ 문장에 따라 나오는 그림은 페이지를 바꾸어 넣는다.


위 원칙을 모두 지켰다면 이제 아이와 함께 본격적으로 책을 읽을 준비가 된 셈이다.

아이와 함께 자리에 앉아 책을 읽어 주자. 어쩌면 아이는 엄마가 본문을 모두 읽어 주기보다는 본인이 직접 몇몇 단어를 읽어 보려고 할 것이다. 자발적이라면 괜찮다. 이 부분은 아이의 연령과 성격에 따라 크게 달라진다. 아이가 어릴수록 스스로 읽고 싶어 하는 욕구는 적을 수 있다. 이 경우 엄마가 읽고 아이도 자연스럽게 따라 읽게 하면 된다.

자연스러운 속도로 읽되 감정을 풍부하게 담아 읽어 보자. 모든 단어를 손으로 짚어 가며 읽을 필요는 없다. 그러나 아이가 먼저 그러기를 바란다면 읽는 속도가 크게 줄어들지 않는 선에서 따라도 괜찮다.

며칠 동안 하루에 2~3번씩 책을 읽어 준다. 각 책마다 수명이 다르다. 어떤 책은 며칠 만에 책장에 꽂혀 먼지가 쌓여 갈 테지만 또 어떤 책은 몇 주 내내 아이가 읽어 달라고 할 것이다.

이제 아이는 자신만의 책장과 도서관을 갖추기 시작한다. 책 한 권을 퇴장시키면 그 책은 아이의 책장으로 돌아간다. 그래야 아이가 원할 때마다 하루에 몇 번씩이라도 스스로 책을 꺼내 읽을 수 있다.

이 놀라운 '아이 맞춤' 도서관에 책이 점점 늘어 갈수록 책장은 아이에게 기쁨과 자부심의 원천이 된다. 이 단계가 되면 아이는 어디를 가든 자기 책을 한 권씩 가지고 다니려고 할 것이다.

다른 친구들이 부모와 함께 자동차를 타고 갈 때, 슈퍼마켓에서 긴 줄을 서 있을 때, 식당에 가만히 앉아 있을 때마다 지루함을 느끼는 반면 아이는 그 시간에 자신만의 책을 들고 있을 것이다. 아이 손에 들려 있는 책은 어떤 날은 하루에도 몇 번씩이나 되풀이해 읽곤 했던 오래된 책일 것이고, 어떤 날은 무슨 내용이 담겨 있을까 궁금해하며 들고 나온 새로운 책일 것이다. 이 단계에서 '지나치게 많은 책'이란 없다. 아이는 모든 책을 다 '먹어 치울' 것이다. 책을 많이 줄수록 아이는 더 많이 원할 것이다.

현재 우리의 학교 시스템에서 18세 청소년의 약 30~45퍼센트가 자신의 학년 수준에 맞는 독해력을 갖추지 못하고 있는 안타까운 현실을 생각하면 '아이에게 줄 책이 부족하다'라는 고민은 오히려 가장 바람직한 고민이다.

# 읽기는 인간다움을
# 이루는 본질이다

✳

읽기를 배우는 과정에서 아이들은 세 가지의 이해와 깨달음을 얻는다. 각 단계를 정복해 나가는 동안, 아이는 새롭고도 가슴 뛰는 발견에 대한 넘치는 기쁨을 느낄 것이다. 어쩌면 아이들은 콜럼버스가 신대륙을 발견했을 때 느꼈을 기쁨보다 더한 기쁨을 경험할 것이다.

　**첫 번째로,** 아이가 가장 먼저 느끼는 기쁨은 각 단어에 '의미'가 있다는 것을 깨닫는 순간에 찾아온다. 아이에게 이는 어른들과 공유하는 비밀 암호처럼 느껴진다. 이 순간 아이는 대단히, 생생하게 즐거워할 것이다.

　**두 번째로,** 아이는 자신이 읽고 있는 개별 단어들이 서로 조합될 수 있고, 단어들이 조합될 때 단순히 사물 하나를 가리키는 것을 넘어 더 큰 의미를 나타낼 수 있다는 사실을 깨닫는다. 이 역시 새롭고도 경이로운 발견이다.

**마지막으로,** 아이는 부모가 가장 명확하게 인식할 수 있는 변화를 보일 것이다. 이 발견은 가장 위대한 발견이다. 아이에게 있어 책이란, 단지 비밀스럽게 느껴졌던 단어의 뜻을 이해하거나 나열된 단어의 조합을 해석하여 이해하는 재미를 넘어선다. 책은 어느 순간 하나의 새로운 세계로 다가온다. 책 자체가 아이에게 말을 걸고, 의미를 전달하는 존재가 되는 것이다.

이러한 비밀을 깨닫게 되는 순간 더 이상 아이에게 멈춤이란 없다(아이가 그만큼 많은 책을 읽기 전까지는 일어나지 않는 일이다). 이제 아이는 진정한 '독자'가 된다. 이미 알고 있는 단어들을 조합해서 완전히 새로운 생각을 표현할 수 있다는 것을 깨닫게 되면서 이제 아이는 매번 새로운 단어 세트를 배울 필요도 없어진다.

얼마나 위대한 발견인가? 살아가는 동안 이러한 감동에 견줄 만한 다른 사건은 거의 없다. 이제 아이는 원할 때마다 새로운 책을 한 권 집어 들기만 하면 된다. 그러면 어떤 어른이 자신에게 새로운 이야기를 들려주고 대화를 걸어 올 것이다.

이제 아이는 인간의 모든 지식을 접할 수 있게 되었다. 가정 안에서 또 동네에서 알고 지낸 사람들에 대한 지식뿐만이 아니라 결코 만날 일이 없는 머나먼 곳의 사람들에 대해서까지 알게 된다. 심지어 아주 오래전 다른 장소, 다른 시대에 살았던 사람들과도 만날 수 있게 된다.

인간은 글을 쓰고 읽는 능력을 갖추게 되면서 스스로의 운명을 통제할 힘도 갖게 되었다. 읽고 쓸 수 있게 되면서, 수백 년 후 머나먼 곳에 살고 있을 미래 세대에게까지 자신의 지식을 물려줄 수 있게 되었다. 이렇게 인간의 지식은 차곡차곡 쌓여 왔다. 인간이 인간다운 이유는 본질적으로 읽고 쓸 수 있는 능력 덕분이다.

이것이야말로 아이가 읽기를 배우면서 진정으로 얻는 배움이다. 아이는 자신의 깨달음을 자기만의 방식으로 부모에게 알리고 싶어 할 것이다. 그럴 때 부모는 아이의 표현을 존중해 주고 사랑으로 귀 기울여 주어야 한다. 아이가 말하고자 하는 것이야말로 진정으로 소중한 이야기다.

# How to Teach Your Baby to Read

# 6장

# 연령에 따른
# 맞춤형 읽기 지침

배우기에 너무 어린 나이란 없다.

- 윌리엄 리커

# 아이의 연령에 따라
# 읽기 학습은 달라진다

✳

지금까지 읽기 과정의 기본 단계를 이해했다. 각 단계는 아이의 연령에 상관없이 적용할 수 있다. 그러나 아이와 함께 읽기 프로그램을 시작할 때 과연 어디에서부터 시작할 것인지, 어떤 단계가 필요한지는 아이의 연령대에 따라 달라질 필요가 있다.

지금까지 설명한 읽기의 과정은 반드시 따라야 할 경로고 또 효과가 검증된 방법이다. 수만 명의 부모가 이 방법을 정확히 따라가며 신생아부터 6세에 이르는 모든 연령대의 자녀를 가르쳤고 그 결과 아이들은 성공적으로 읽을 수 있게 되었다. 그러나 신생아와 2세 아이는 전혀 다른 존재이다. 3개월 된 아이와 3세 아이도 마찬가지다.

이제 읽기 프로그램을 정교하게 다듬어 신생아부터 6세까지,

주요 연령대에 맞게 개별 학습 과정을 설계할 수 있게 되었다. 읽기 경로에서 각 단계 자체는 연령대에 상관없이 똑같다. 또 진행 순서 역시 연령대에 상관없이 똑같다.

이번 장에서는 아이가 처음 읽기 학습을 시작할 당시의 나이와 상관없이, 더 쉽게 성공에 도달할 수 있도록 학습 과정을 미세하게 조절하고 다듬어 볼 방법들을 정리하려고 한다.

이 지점에서, 내 아이에게 해당되는 부분만 골라 읽고 싶은 유혹이 생길 것이다. 그러나 각 부분에서 다루고 있는 사항들을 모두 이해하고 있어야 장차 아이가 성장하고 발달해 나가면서 읽기 학습을 어떻게 변화시키고 조정할지를 알 수 있다. 아이는 끊임없이 변하고 있으므로 읽기 학습도 이에 맞게 역동적이고 유연하게 변화해 나가야만 한다.

# 읽기에 너무 이른 때란 없다 　　 ✳
## : 신생아 시기의 읽기

아이의 출생과 동시에 읽기 훈련을 시작하고자 한다면, 이것이 정확히는 읽기 훈련이 아니라 '시각 자극 훈련'임을 알아야 한다.

읽기 훈련의 맥락으로 보면 신생아는 첫 단계 전에 하나의 단계가 더 필요하다. 우리는 이를 0단계라고 부를 것이다. 읽기 훈련의 첫 단계를 시작하려면 '시각 자극 훈련'이라는 사전 준비 단계가 필요하기 때문이다.

출생 당시 신생아는 오직 빛과 어둠만을 볼 수 있다. 사물의 세부적인 모습은 볼 수 없다. 생후 첫 몇 시간 혹은 며칠 내에 신생아는 간헐적으로 어렴풋한 윤곽을 보기 시작한다. 이 능력은 반복적인 시각 자극을 통해 발달하며, 윤곽을 보기 시작하면 아주 짧은 시간 동안 세부적인 모습도 조금씩 인식하게 된다. 여기서 '아주 짧은 시간'이란 불과 2~3초 정도다. 이 단계에서 신생아에게 사물의 윤곽을 보는 일은 매우 수고로운 일이다. 그러나 보려는 욕구가 강하기 때문에 기꺼이 하는 일이기도 하다.

신생아는 햇빛이 비치는 창가 앞에서 움직이고 있는 엄마 머리의 어두운 윤곽을 보기 시작한다. 빛이 충분한 배경에 대비되는 검은 윤곽을 자주 보면 볼수록 아이의 시력은 점차 발달한다. 아이가 일단 윤곽을 볼 수 있게 되면 이제 윤곽 안쪽의 자세한 모습을 탐색하기 시작한다. 아이가 처음 인식하는 세부 요소는 엄마의 눈, 코, 입이다.

신생아의 시각 경로가 어떻게 성장하고 발달하는가를 자세히 설명하는 것은 이 책의 본디 목적이 아니다. 그러나 어린아이에게 읽기 단어를 보여 주는 것은 사물의 세부적인 부분을 볼 수 있는 능력을 자극하고 발달시키는 데 있어서 매우 중요한 역할을 한다. 이 능력은 자극과 기회의 결과다. 과거 사람들이 생각했던 것처럼 때가 되면 갑자기 생기는 유전적인 결과가 아니다.

윤곽과 사물의 세부를 볼 수 있는 기회가 생긴 신생아는 이런 능력을 더 빨리 발달시키며, 출생 당시 기능적으로 앞을 볼 수 없었던 상태에서 재빨리 벗어나 큰 수고를 들이지 않고도 잘 볼 수 있게 된다.

이 시각 자극 훈련은 매우 쉽고 또 논리적이다. 사실 부모는 아이가 태어나는 순간부터 아니, 태어나기 전 뱃속에 있을 때부터 아홉 달 동안이나 말을 걸어 왔다. 신생아에게 말을 거는 모습이 이상하다고 생각하는 사람은 없다. 언어를 듣는 일은 모든 아이의 권리임을 누구나 인정할 것이다.

그러나 실제로 말이란 매우 추상적이다. 글과 말 중에 신생아가 더 해독하기 어려운 것은 엄밀히 말하면 말이다. 모든 교육의 기본 원칙은 일관성이다. 그러나 말로 하는 언어를 일관성 있게 사용하기란 매우 어렵다. 아침에 일어난 어린아이에게 "안녕?"이라고 인사하고, 외출했다 돌아와 아이에게 다시 "안녕?"이라고 말했으며, 저녁에 아이의 방문을 열고 "안녕?"이라고 말했다고 가정해 보자. 같은 말을 세 번이나 했지만, 과연 세 마디가 모두 같은 말이었을까?

아주 어린 아이의 덜 성숙한 청각 경로로는 위 세 마디가 모두 다르게 들린다. 말할 때마다 억양과 톤이 미세하게 달랐기 때문이다. 아이는 이 세 질문 사이의 유사성과 차이점을 분간하려고 노력한다.

이제 시각 경로가 가진 장점을 살펴보자. 아이에게 커다란 빨간색 글씨로 '엄마'라고 쓴 흰색 단어 카드를 보여 준다. 이 카드를 집어 들고 '엄마'라고 말해 준다. 이 카드를 하루 내내 여러 차례 보여 준다. 아주 어린 아이 입장에서 이 카드는 조금 전에 보

왔던 카드와 똑같아 보인다. 실제로 같은 카드이기 때문이다. 그러므로 아이는 청각 경로를 통해서 배웠을 때보다 시각 경로를 통해서 배울 때 훨씬 더 빠르고 쉽게 배울 수 있다.


## 한 단어부터 시작하자

한 단어부터 시작해야 한다. 엄마가 가장 자주 사용하고 아이가 가장 필요로 하는 단어 7개를 고른다. 아이의 이름이나 엄마, 아빠 같은 단어에 신체 일부분을 뜻하는 단어들을 더한다. 이렇게 시작하면 아주 좋다.

신생아가 대상이므로 첫 단어 세트는 아주 커야만 한다. 글씨는 높이 13센티미터에 획의 두께는 2센티미터 이상이어야 한다. 아주 굵은 글씨로 써야 아이가 적당하게 집중할 수 있다. 여기서 가장 중요한 것은 시각적인 자극임을 잊지 말자.

출생 시 혹은 그 직후 훈련을 시작하려면 한 단어로 시작하는 게 좋다. 아이의 이름이 좋은 출발점이 될 수 있다. 아이를 품 안에 안고 있을 때 아이로부터 약 45센티미터 정도 떨어진 위치에 카드를 들고 이름을 불러 보자. 이제 카드를 들고 기다린다. 아이가 카드의 위치를 파악하기 위해 최선을 다하는 모습을 지켜보

자. 아이가 카드를 보면 다시 한번 큰 소리로 단어를 읽어 준다. 아이가 1~2초 정도 집중하려고 할 것이다. 이제 카드를 치운다.

윤곽이나 사물의 세부를 잘 보지 못하는 아이의 눈앞에서 단어 카드를 이리저리 움직이면 주의를 집중시킬 수 있을 거라는 생각이 스칠지도 모른다. 아이가 놀라운 집중력을 지닌 것은 맞지만 시력은 매우 약하다는 사실을 잊지 말자. 아이 눈앞에서 단어 카드를 이리저리 움직이다 보면 아이는 움직이는 물체 자체에만 집중하게 된다. 이는 가만히 있는 물체의 위치를 파악하기보다 훨씬 더 어렵다.

그러므로 절대로 카드가 움직이지 않게 가만히 들고 있어야 하며 아이가 카드의 위치를 파악할 때까지 시간을 주어야 한다. 처음에는 이 과정에 10~15초 정도가 걸린다. 그 이상이 걸릴 수도 있지만 매일 반복할수록 아이가 카드의 위치를 찾아내고 집중하는 데 걸리는 시간은 점점 짧아질 것이다. 단어를 보여 주는 빈도가 잦아질수록 매번 전보다 조금씩 더 쉬워질 것이다.

조명 역시 중요하다. 다만 빛이 아이의 눈에 직접 쏟아지게 해서는 절대로 안 된다. 조명은 카드를 향해 똑바로 비쳐야 한다. 그리고 부모가 적절하다고 생각하는 것보다 훨씬 더 밝은 빛이어야 한다.

이 과정을 반복하면, 겨우 빛을 알아보는 수준의 조악했던 시력이 차차 엄마의 미소를 알아볼 수 있을 정도의 정교한 능력으로 발달해 가는 경이로운 과정을 보게 될 것이다.

첫날에는 단어 하나를, 총 10번 보여 준다. 더 많이 보여 줄 수 있다면 그것도 좋다. 기저귀를 갈 때마다 읽기 카드를 옆에 두고 매번 보여 주는 것도 효과적인 방법이다.

둘째 날에는 두 번째 단어를 선택해 역시 10번 보여 준다. 7일간 매일 새로운 단어를 하나씩 골라 하루에 10번 보여 준다. 이제 일주일이 지나고 다음 주가 시작되면 다시 처음 시작했던 단어로 돌아가 10번씩 보여 준다. 이 과정을 3주 반복한다. 예를 들자면 아이는 매주 월요일마다 '엄마'라는 단어를 10번씩, 3주에 걸쳐 보게 되는 것이다.

출생과 동시에 시작했다면 이제 생후 3주가 된 아이는 더 빨리 단어를 찾아 집중할 수 있게 된다. 어쩌면 단어 카드를 꺼내 들자마자 몸을 흔들어 대고 발길질을 해 대며 흥분과 기대감을 표현할 수도 있다.

아이가 단순히 보고만 있는 게 아니라 보고 있는 것을 이해하고 있다는 뜻이기 때문에 엄마로서는 무척 가슴 벅찬 순간이다. 중요한 사실은 아이가 지금의 경험을 몹시 즐기고 있다는 점이다. 아이의 집중력과 사물의 세부를 보는 능력이 점차 발달해 나갈수록 시각 자극 훈련은 나날이 쉬워진다.

# 아이는 점차 사물의 세부를 인식한다

시각 발달의 초기 단계에서 엄마는 어린아이의 시각 능력이 하루 안에도 다양하게 변한다는 사실을 깨닫게 될 것이다. 충분히 쉬고 충분히 먹으면 시각 능력을 계속 사용하지만, 피곤하거나 배가 고플 때는 금세 반응을 멈춘다. 졸린 아이는 시각을 아예 꺼 버리고 보지 않을 것이며, 배가 고픈 아이는 먹을 것을 달라고 울며 보채느라 가진 에너지를 다 써 버릴 것이다.

그러므로 아이에게 단어를 보여 줄 시간을 잘 골라야 한다. 곧 아이가 배고파하거나 졸려 하는 시간을 피하고 최적의 시간을 찾아내는 데 익숙해질 것이다. 아이가 몸이 안 좋거나 예민할 때는 단어를 보여 주지 말고 며칠 쉬었다가 아이의 컨디션이 회복되었을 때 다시 시작하자. 아이의 상태가 호전되면 멈춘 지점으로 돌아가 다시 시작한다. 처음으로 돌아가 복습할 필요는 없다.

첫 7개의 단어를 3주 동안 반복한 다음에는 새로 7개의 단어를 선정해 다시 똑같은 과정을 반복한다. 아이가 사물의 세부를 지속적으로 볼 수 있게 될 때까지 이 과정은 되풀이된다. 조직적이고 체계적인 자극을 받지 않은 보통 아이들은 12주 이상이 되어야 비로소 사물의 세부를 볼 수 있게 된다. 하지만 시각 자극 훈련을 실시하고 있는 아이라면 8주에서 10주 사이에 이 능력을 획득한다.

엄마라면 아이가 엄마의 얼굴을 제대로 인식하게 되는 순간을 직관적으로 알아챈다. 이 시점에 도달하면 아이는 엄마를 쉽게 알아보고 청각적인 자극이나 촉각적인 단서가 없어도 엄마의 미소에 곧바로 반응할 수 있다. 이제 아이는 극도로 피곤하거나 아플 때를 제외하고는 매 순간 시각을 활용한다.

이제 사전 단계를 완전히 이행하고 아이와 함께 첫 번째 단계로 나아갈 준비가 끝났다. 그만큼 시각적 경로가 성장한 것이다. 이제 아이는 본격적인 읽기 훈련을 시작할 때가 되었다. 이미 한두 달 동안 매일 한 단어씩 봐 왔기 때문에, 매일 세 차례 5개 단어로 이루어진 단어 세 세트를 보여 주는 단계로 넘어갈 수 있다.

이제 느리고 침착했던 시각 자극 훈련에서 빠른 속도의 읽기 훈련으로 넘어갈 차례다. 아이는 이제 놀라운 속도로 단어를 읽기 시작할 것이며, 귀를 통해 말을 배우고 있는 것처럼 눈을 통해 언어를 습득하게 될 것이다.

# 아이는 언어의 천재다
## : 3~6개월 시기의 읽기

3개월에서 6개월 사이의 영아와 읽기 훈련을 시작하려고 한다면 아이는 첫 번째 단계부터 시작하게 될 것이다. 이 시기의 아이에게는 첫 번째 단계가 읽기 훈련의 핵심이다.

기억해야 할 가장 중요한 두 가지 사항은 다음과 같다.

① 단어를 매우 빠르게 보여 줄 것.
② 자주 새로운 단어를 추가할 것.

영아의 놀라운 특징은 '순수한 지적 존재'라는 점이다. 아이는 어떠한 편견이나 선입견에도 치우치지 않고 무엇이든 배운다. 배움 자체를 위해 배우며, 다른 조건이나 대가 없이 배운다. 이러한 특징은 아이의 생존에 필수적이지만, 동시에 매우 존경할 만한 가치 있는 특성이다.

아이는 우리 모두가 진정으로 바라지만 결코 그 수준에 미치지 못하는 정도로 지적이다. 아이는 배울 수 있는 모든 것을 기꺼이 사랑한다. 그러니 이런 아이를 가르칠 기회가 있다는 것은 아이에게도, 부모에게도 기쁨이다.

3~6개월 사이의 어린아이는 놀라운 속도로 언어를 받아들인다. 이 무렵 아이는 사물의 세부를 지속해서 볼 수 있게 된다. 이 시기 아이는 조금의 어려움도 없이 음성언어를 받아들일 수 있다. 우리가 정보를 큰 소리로 뚜렷하게 전달하기만 한다면 말이다. 마찬가지로 충분히 크고 뚜렷하게 전달하기만 한다면 아이는 글로 된 언어도 받아들일 수 있다. 그러므로 읽기 단어를 크고 뚜렷하게 보여 주는 것이 우리의 목표다. 그래야 아이가 글자를 쉽게 볼 수 있다.


## 아이는 말을 하지 못하지만 읽을 수 있다

이 단계에서 아이는 소리를 이용해 부모에게 말을 건다. 그러나 아직 부모는 이 모든 소리를 단어나 문장, 문단으로 해독하지 못한다. 어른의 시각으로 보면 이 무렵 아이는 말을 할 수 없는 상태다. 아이는 정보를 받아들이는 놀라운 감각 경로를 갖고 있지만 아직 그 정보를 부모가 이해할 수 있는 수준으로 표현할 운동 경로는 발달시키지 못했다.

이 시점에서 부모는 이런 의문을 가질 것이다. '말도 할 수 없는 아이가 어떻게 읽기를 배울 수 있을까?' 읽기는 시각적 경로로 이루어지지, 입을 통해 이루어지지 않는다. 읽기는 글이라는 형태로 되어 있는 언어를 '받아들이는' 과정이다. 말은 구어적 형태로 언어를 밖으로 '표현하는' 과정이다. 읽기는 듣기와 마찬가지로 감각 능력이다. 말하기는 글쓰기와 마찬가지로 운동 능력이다. 말하기와 쓰기에는 아이가 아직 갖추지 못한 운동 기술이 필요하다.

아이가 너무 어려서 말을 하지 못하고 단어를 말로 표현할 수 없다고 해도 엄마와 함께 읽기를 배우는 일은 아이의 언어를 더욱 풍부하게 만들 수 있다. 아이에게 읽기를 가르치는 것은 아이의 언어 습득 속도를 높이고 어휘력을 확장하기 위한 일종의 투자다. 눈을 통해서든, 귀를 통해서든 뇌로 전달되면 언어는 같은 언어로 처리된다는 점을 기억하자.

4개월 아이는 소리 내어 읽을 수 없다. 누구라도 이 시기의 아이에게 소리 내어 읽기를 시키지 않는 점은 다행인 일이다. 그러나 아이는 어른들처럼 효과적으로 읽을 수 있다. 다만 조용히, 빨리 읽는 것뿐이다.

이 시기 아이는 말 그대로 지식에 굶주린 존재다. 부모가 줄 수 있는 것보다 훨씬 더 많은 양의 정보를 원할 것이다. 읽기 훈련을 시작한 엄마는 이따금 수업을 마칠 무렵 아이가 더 많은 정보를 바란다는 사실을 깨닫게 될 것이다. 그래도 방금 보여 준 단어를 반복해서 보여 주거나 다른 세트를 꺼내 보여 주고 싶은 유혹을 참아야 한다. 아이는 4~5세트의 단어를 즐겁게 보고도 더 보여 달라고 할 수 있다.

실제로 3~4개월 아이에게는 여러 세트의 단어를 연달아 보여 줘도 문제가 없다. 몇 달 동안은 괜찮을 것이다. 하지만 머지않아 방식을 바꿔야 할 수 있으니 대비해야 한다.

아이는 언어의 천재다. 새로운 단어를 더 많이 보여 줄 준비를 해 두자.

# 아이는 눈코 뜰 새 없이 바쁘다
## : 7~12개월 시기의 읽기

7~12개월 사이의 아이와 읽기 훈련을 시작하려고 할 때 반드시 염두에 두어야 할 두 가지 사항은 다음과 같다.

① 매회 수업은 아주 짧게 할 것.
② 대신 수업을 자주 할 것.

앞서 말했듯이 4개월 된 아이는 가끔 모든 단어 세트를 한 번에 다 보고 싶어 할 수 있다. 그러나 7~18개월 사이의 아이들에게 이런 형식의 수업은 재앙이 될 것이다. 이 시기의 아이에게는 한 회 수업에서 5개 단어로 이루어진 단어 세트 하나만을 사용하고 끝내야 한다.

이유는 간단하다. 이 무렵 아이의 이동 능력은 매일 엄청난 속도로 발달하고 있다. 3개월 아이는 비교적 가만히 있고, 보여 주는 자료에 주목하는 편이다. 아이는 오랜 시간 단어에 집중한다. 부모는 이 모습이 마음에 들어서 앉은 자리에서 아이에게 단어를 모두 보여 줘 버리고, 이러한 일상에 익숙해진다. 어른들에게는 쉬운 일이기 때문이다.

그러나 아이는 매일 변하고 있다. 몸을 점점 많이 움직인다. 손과 무릎으로 기어다니게 된 순간 아이에게 새로운 가능성의 세상이 열린다. 이제 아이는 간절히 탐험을 소원한다. 행복한 표정으로 50개의 단어를 쳐다보던 아이는 어느 순간부터 갑자기 잠시도 가만히 있지를 않게 된다. 이제 읽기를 위한 시간을 낼 수가 없다. 부모는 낙담하기 시작한다. 대체 어디서부터 잘못된 걸까? 아이는 이제 더는 읽기를 좋아하지 않게 된 걸까? 좌절감이 커지고 포기하고 싶어진다.

## 바빠진 아이의 루틴에 녹아드는 방식을 선택하라

그러나 이 시기 아이 역시 낙담한다. 읽기의 시간은 무척이나 행복한 때였는데 언제부터인가 단어가 눈앞에서 사라져 버렸다.

아이는 읽기를 좋아하지 않게 된 게 아니라 일정이 바빠진 것뿐이다. 이제 아이는 집 안을 구석구석 탐험해야 한다. 해가 지기 전에 부엌의 모든 서랍을 여닫아야 하고, 모든 플러그마다 손가락을 들이밀어 봐야 하며, 카펫 위의 모든 실오라기를 잡아 뽑고 입으로 가져가야 한다. 7개월 아이 앞에 놓인 접시 위에는 온갖 탐색과 파괴의 대상들이 담겨 있다. 아이는 여전히 읽기를 탐색하고 싶지만 이제 한 번에 50개의 단어를 소화할 여력이 없다. 한 번에 5개의 단어가 훨씬 더 낫다.

수업 시간을 짧게 줄인다면 아이는 엄청난 속도로 새 단어를 먹어 치울 것이다. 아이가 부모를 거실 바닥 한가운데 홀로 놔두고 혼자 어디론가 가 버리는 이유는 부모가 읽기 훈련을 하느라 아이의 다음 일정을 몇 초 지연시켰기 때문이다.

부모는 편안한 루틴을 찾고 어떤 경우든 그 루틴을 지키고 싶어 한다. 그러나 아이들은 역동적이어서 변화를 멈추지 않는다. 우리가 일상을 일정한 방식으로 구축할 때, 아이들은 늘 새로운 단계로 나아가는 쪽을 택한다. 그러므로 우리는 아이와 함께 움직이든지 혹은 혼자 뒤처져 있든지, 둘 중 하나를 선택해야 한다.

수업은 항상 짧게 유지하라. 아이의 활동성이 늘어갈수록 수업은 더 짧아져야 한다. 즉, 읽기 훈련은 바쁜 아이의 일정에 자연스럽게 녹아들어야 한다.

# 아이의 활동성이 가장 높아진다
## : 12~18개월 시기의 읽기

✳

이 시기의 아이와 읽기 훈련을 시작하려고 할 때 반드시 염두에 두어야 할 두 가지 사항은 다음과 같다.

① 수업은 전보다 더 짧게 진행할 것.
② 아이가 그만두고 싶어 하기 전에 멈출 것.

이 시기에는 읽기 훈련 중에서도 흔히 첫 번째와 두 번째 단계를 강조할 것이다. 이 시기의 아이와 읽기 훈련을 진행할 때 가장 신경 써야 할 부분은 모든 수업을 아주, 아주 짧게 해야 한다는 것이다. 이 시기는 그만큼 아이의 활동성이 극대화되는 시기이기 때문이다.

12개월 아이는 처음으로 혼자서 걸음마를 시작했거나 무언가를 붙들고 움직이는 과정에 도달했다. 이제 18개월이 되면 꾸준한 속도로 잘 걷게 될 뿐만 아니라 달리기도 시작한다. 6개월이라는 짧은 기간 안에 놀라운 성취를 한 것이다. 이토록 장엄한 결과를 성취하기 위해 아이는 상당한 시간과 에너지를 쏟아 가며 신체적인 기량을 닦아 왔다.

아이의 인생에서 이 시기만큼이나 신체적인 활동성이 중요한 때도 없을 것이다. 이 시기에 종일 아이 뒤를 쫓아다녀 본 부모라면 아이가 얼마나 많이 움직이는지 실감할 것이다. 아마 어른들은 아이의 행동을 단 한 시간만 따라 해도 지쳐 떨어질 것이다. 실제로 어떤 어른도 12개월에서 18개월 사이 아이의 일과를 따라할 수는 없다.


## 아이에게 짧고 달콤한 수업을 제공하라

12~18개월의 어린아이에게 신체 활동은 몹시 중요하다. 그러므로 우리는 아이의 강도 높은 신체 활동에 읽기 훈련을 접목할 현명한 방법을 찾아내야 한다. 직전까지는 한 회 수업에 5개의 단어가 이상적이었다면, 이제 한 회 수업에 3개 혹은 2개, 심지어

는 1개까지 단어 수를 줄여야 할 것이다.

아이가 그만두고 싶어 하기 전에 멈추는 것보다 더 중요한 원칙은 없다. 언제나 아이가 멈추고 싶어 하기 전에, 지루해하기 전에 멈춰라. 이 원칙은 모든 발달 단계와 모든 연령대의 교육에서 유효한 원칙이다. 그러나 12~18개월의 아이에게는 특히 더 중요하다.

이 시기에는 수업 시간은 되도록 짧게, 수업 횟수는 되도록 많이 해야 한다. 즉 짧은 수업을 여러 번 실시해야 한다. 이 시기 아이에게는 고단한 일상 속에서 짧고 보물 같은 휴식이 절실하다.

이 시기 아이는 한 단어로 이루어진 첫 번째 단계부터 책으로 이루어진 다섯 번째 단계까지 읽기의 모든 과정을 다 사랑할 것이다. 그러나 아이는 늘 움직이느라 바쁘기 때문에 주로 첫 번째와 두 번째 단계에 집중해야 할 것이다. 짧고 달콤한 수업이 최선이다.

# 아이의 관심사는 점점 더 확장된다 ✳
: 18~30개월 시기의 읽기

18~30개월 사이의 아이와 함께 무언가 새로운 일이나 다른 활동을 시작하는 것은 어려운 도전이 될 수 있다. 물론 아이는 고도의 능력을 갖추고 있으며, 읽기 훈련이 안정적으로 자리 잡으면 첫 번째 단계부터 다섯 번째 단계까지 빠르게 나아갈 것이다. 이 시기 아이들을 가르칠 때 염두에 두어야 할 세 가지 사항은 다음과 같다.

① 아이가 가장 좋아하는 단어를 고를 것.
② 읽기 훈련을 점진적으로 시작할 것.
③ 한 단어와 한 쌍 단어에서 구문으로 최대한 빨리 넘어갈 것.

날이 갈수록 아이는 발달하고 더불어 자신의 관점을 형성하기 시작한다. 좋아하는 것과 싫어하는 것이 점점 분명해진다. 18개월이 된 아이는 3개월 때처럼 '순수한 지적 존재'가 아니다.

18개월 아이에게 문자언어를 소개하기 전에, 무엇보다 이 무렵 아이는 음성언어의 전문가가 되었음을 기억해 두자. 이제 아이는 주변 어른들이 이해할 수 있는 형태의 소리로 자신의 말을 할 수 있게 되었다. 자신의 생각이 이해받고 있다는 것을 깨달은 아이는 점점 할 말이 많아지고 요구도 많아진다.

중요한 것은, 어떤 생각이든 아이 스스로 한 생각일 때 아이는 더 잘 받아들인다는 점이다. 외부에서 강요된 생각은 아이에게 받아들여지지 않을 수 있다.


## 아이의 흥미에 맞춰 단계를 진행하라


이렇게 자신감으로 똘똘 뭉쳐 무대의 한가운데를 차지하고 있는 존재도 없을 것이다. 이 시기의 아이는 그만큼 자기중심적이고, 이는 곧 아이의 영광이다. 그러므로 읽기 훈련은 이 점을 염두에 두고 설계되어야 한다.

아이의 주변 환경을 둘러보자. 아이가 무엇을 사랑하는지 살펴보자. 아이는 자기가 사랑하는 것들을 단어로 읽고 싶어 한다. 이제 장난감이나 자신의 손가락에만 관심을 쏟던 시절에서 벗어났다. 아이는 음식물, 행동, 심지어 감정까지 엄청나게 광범위한 영역의 어휘를 바랄 것이다. 형용사나 부사를 가르칠 수도 있다. 그러나 단어는 조심스럽게 골라야 한다는 점을 잊지 말자. 무엇보다 아이가 원하는 단어를 찾아라. 아이가 좋아하지 않는 단어는 과감하게 버려라.

또, 이전까지 아이와 읽기 훈련을 전혀 해 보지 않은 상태라면 하루 만에 읽기 훈련을 온전하게 실행할 수는 없다는 점도 기억해 두자.

이 경우 첫날에는 5장에서 설명한 대로 5개의 단어로 이루어진 세트 3개로 시작하지 말고 5개의 단어로 이루어진 세트 하나로만 시작한다. 이렇게 하면 너무 지나치지 않게 아이의 관심을 자극할 수 있을 것이다. 아이의 마음을 천천히 사로잡아야 한다. 아이는 일단 나의 생각, 나의 단어라고 느끼는 순간부터 그 단어들을 몹시 사랑하게 된다. 그러나 처음 접하는 단어는 당연히 낯설다.

먼저 5개의 단어로 이루어진 한 세트를 아주 빨리 보여 주고 카드를 치운다. 이후 또 한 번 적당한 시간을 잡아 그 세트를 다시 보여 준다. 2~3일 후 새로운 세트를 추가한다. 아이의 관심과 흥미가 늘어나면 2~3일 후 다시 새 단어 세트를 추가한다.

단어는 조금 모자라게 보여 주어 아이가 먼저 더 보여 달라고 요구하게끔 하는 게 좋다. 읽기 훈련에 들어가기 전 아이에게 어떤 단어를 보고 싶은지 물어보고 이를 단어 카드로 만들어 보자.

한 단어와 한 쌍 단어를 충분히 보여 주었다면 이제 재미있는 구문을 만들어 보여 줄 차례다. 아이는 구문 역시 좋아하므로 굳이 수천 개의 한 단어가 쌓일 때까지 기다릴 필요가 없다. 이제 아이는 더 이상 '아기'가 아니다. 이제는 한 단어보다 구문을 더 좋아할 것이다. 그러므로 최대한 빨리 구문으로 넘어가자.

지금까지 첫 번째 단계의 한 단어와 두 번째 단계의 한 쌍 단어를 아이의 상황과 흥미에 맞게 선택했다면, 즉 강요가 아닌 점진적인 진화의 과정으로 이어졌다면 아이는 읽기 훈련의 세 번째 단계부터 그 이후의 단계까지도 즐겁게 나아갈 것이다.

이제 단어를 소리 내어 말할 수 있게 된 18~30개월 아이에 대해 한 마디 덧붙이겠다. 2세가 된 아이는 자신이 가장 좋아하는 일이 무엇인지 꼭 집어 이야기할 수 있다. 만약 단어를 소리 내어 읽어 보고 싶다면 그렇게 할 것이다. 하고 싶지 않다면 입을 다물 것이다. 중요한 점은 아이의 연령대가 어떻든지 아이에게는 자신이 선택한 방식으로 자신의 지식을 표현할 권리가 있다는 것이다.

# 아이의 성격과 취향이 확고해진다 ✳
: 30~48개월 시기의 읽기

이 시기의 아이들은 읽기 훈련의 마지막 단계(5단계)로 즉시 넘어가고 싶어 한다. 그러나 정말로 다섯 번째 단계에 도달하려면 첫 번째 단계부터 차근차근 시작해야 한다. 아이는 책부터 원할 것이고, 빠를수록 좋겠지만 이 시기의 아이는 더 어린아이들보다 한 단어를 배우는 데 더 오랜 시간이 걸릴 수 있다.

다음 세 가지를 항목을 반드시 기억해 두자.

① 이 시기의 아이에게는 더 복잡한 단어를 제공할 것.
② 단어 하나를 배우는 데 아기보다 오래 걸린다는 사실을 알 것.
③ 아이는 더 많은 책을 원한다는 사실을 기억할 것.

30개월의 아이는 이제 아기가 아니다. 유아가 되어 가는 단계다. 이 무렵의 아이는 불과 1년 전에 그랬던 것처럼 언제나 주목받고 싶어 하지는 않는다. 그러나 성격이 확고하게 형성되고 좋아하는 것과 싫어하는 것도 분명해진다.

## 알고 있다고 느끼는 것과 실제로 아는 것은 다르다

이제 아이는 부모를 도와 자신의 읽기 루틴을 설계해야 한다. 부모가 이 점을 잘 고려하고 반영해 준다면 읽기 훈련은 처음부터 원활하게 진행될 것이다. 예를 들어 신체 일부분을 가리키는 단어 대신 아이가 가장 큰 관심과 열정을 보이는 분야에서 시작하자.

자동차를 좋아한다면 자동차와 관련한 단어부터 시작한다. 어른들의 시각으로 보면 그리 현명한 방법으로 보이지 않을 수도 있지만, 아이가 가장 흥미를 보이는 분야에서 시작하는 것이 현명한 태도다. 아이에게 '사과, 사탕, 사다리' 같은 평범한 단어들은 어디서든 배울 수 있는 단어들이다. 이런 단어 말고 진심으로 몰두할 수 있는 단어를 원한다. 그러므로 '해골, 쇄골, 상완골'처럼 더 어렵고 인지적 확장이 일어날 수 있는 단어가 아니라면 굳이 신체 일부분을 나타내는 단어들로 아이를 괴롭히지 말자.

이제 아이는 더 이상 아기가 아님을 잊지 말자. 아이는 영아처럼 한 단어를 빠른 속도로 배우지는 못할 것이다. 그러므로 책 속에서 같은 단어를 반복해서 사용하고 접하게 해 주어야 아이가 자신 있게 그 단어를 익힐 수 있다. 그렇다고 해서 아이가 애벌레처럼 느릿느릿 움직인다는 뜻은 아니다. 아이는 여전히 놀라운 속도로 배워 나갈 것이다. 다만 어릴 때처럼 빠른 속도는 아니라는 뜻이다.

이제 한 단어에서 한 쌍 단어로, 또 구문에서 책으로 훨씬 더 빨리 넘어갈 필요가 있다. 다시 말하지만 어릴수록 날것의 사실을 쉽게 받아들이고 정보를 저항감 없이 흡수하고 보유한다. 30~48개월의 아이들에게 한 쌍 단어와 구문, 책은 예전에 배운 어휘를 새롭고 유용하고 재미있게 다뤄 볼 수 있는 이상적인 기회를 제공한다.

이 연령대의 아이는 단어를 한 번 보여 주면 전에 봤던 것을 알아봤다는 이유만으로도 그 단어를 알고 있다고 느낀다. 그러나 실제로 그 단어를 알게 되기까지는 더 많은 반복이 필요하다. 전에 본 단어를 다시 보여 주더라도 새 단어는 계속해서 추가해야 한다. 아이가 매일 새 단어를 접하게 될 것을 알고 있어야 어제 봤던 단어, 심지어 그 전날 본 단어를 또 보더라도 기쁜 마음으로 임할 것이다.

이 시기를 잘 보내기 위한 핵심은 한 쌍 단어에서 구문, 책으로 빠르게 넘어가는 것이다. 그러면 아이는 전혀 다른 세상을 만날 수 있다. 만약 계속해서 한 단어 단계에만 머무른다면 아이는 읽기 훈련에 흥미를 잃고 말 것이다. 아이에게는 배운 단어를 곧바로 사용해 볼 기회가 필요하다.

이 무렵 아이는 다섯 번째 단계를 가장 좋아하지만, 첫 번째와 두 번째 단계가 제대로 시행되었는지를 알아보기 위해서라도 세 번째와 네 번째 단계를 가장 많이 해 봐야 한다.

# 결정적 시기는 아직 지나지 않았다 ✳
## : 48~72개월 시기의 읽기

30~48개월 시기 아이에게 중요했던 점들은 48~72개월 시기의 아이에게는 훨씬 더 중요해진다. 기억해야 할 다섯 가지 사항을 정리해 보자.

① 아이는 영아처럼 빠른 속도로 한 단어를 받아들이지는 않는다는 것.

② 아이는 영아처럼 쉽게 기억하지 못한다는 것.

③ 아이는 좋아하는 것과 싫어하는 것을 매우 분명하게 정한다는 것.

④ 아이가 배운 단어의 반복과 강화를 위해 한 쌍 단어에서 구문, 책 단계로 빨리 넘어갈 것.

⑤ 아이가 배우고 싶은 어휘를 스스로 선택해 읽기 루틴을 직접 설계하게 할 것.

이 무렵 엄마들은 4세가 된 아이를 아쉬운 듯 바라보며 이렇게 말하기도 한다.

"너도 이제 다 커 버렸구나."

그렇지 않다. 물론 6개월 아이와 비교하면 2세 아이는 많이 컸다. 하지만 4세 아이는 8세나 6세에 비하면 아직도 학습의 의욕이 왕성하다. 그러므로 쓸데없는 걱정은 그만두기로 하자. 4세에 처음 읽기를 배우기 시작해 뛰어난 독자가 된 아이들도 수없이 많다.

## 아이는 관심 있는 분야의 단어를 더 잘 기억한다

4세 아이에게는 여전히 흥미롭고 가치 있는 배움이 기다리고 있으며, 낭비할 시간이 없다. 다시 강조하건대 아이의 관심사부터 시작하라. 아이가 도구를 무척 좋아한다면 당장 지하실로 내려가 집안의 도구란 도구는 모두 꺼내 보자. 각 도구의 이름을 하나하나 단어 카드로 만들고, 사전에서 그 이름들의 동의어나 비슷한 단어들도 함께 찾아보자.

예를 들어, '자동차'라는 단어를 선택했다면 경찰차, 소방차, 구급차, 청소차, 굴착기 등의 단어로 세트를 만들 수 있다. 이렇게 하면 아이 역시 오래도록 기억할 것이다. 어느 나라의 말이건 단어는 수만 개 혹은 수십만 개나 된다. 그러므로 아이가 매력을 느끼는 단어는 얼마든지 찾아낼 수 있다.

다시 말하지만 '사과, 사탕, 사다리' 따위의 단어에 시간을 허비하지 말자. 재치 있는 단어로 시작하고 재치 있는 단어로 계속하자. 아이가 일단 읽기 훈련에 들어가면 어렵지 않게 스스로 단어를 선택할 것이다. 일단 시작만 하면 매일매일 가르치기가 쉬워질 것이다. 요점은 엄마가 아이의 동의를 얻어 내려면 무엇보다 아이의 영역에서 시작해야 한다는 것, 그래야 정당하다는 것이다.

책 한 권을 쓸 만큼 단어가 충분히 모이면 이제 책을 만들자. 단어가 수백 개 모일 때까지 기다릴 필요는 없다. 30~40개 정도의 단어가 모이면 곧장 퇴장 단어들로 책을 만들자.

아이는 책을 좋아하므로 아이가 지금까지 배운 단어를 바탕으로 책을 만들어 주자. 엄마는 커다란 글씨로 수십 권의 책을 직접 만들어야 할지도 모른다. 그래도 첫 번째 책을 먹어 치울 때 아이가 보이는 기쁨에 비하면 책을 만드는 데 드는 시간과 에너지는 아주 작은 투자에 불과하다.

## '소리 내어 읽기'에 대한 오해와 편견

나는 '결정적 시기를 지났다'라고 평가받는 4세까지 읽기를 시작하지도 못했지만 6세에 이르러서는 동네 도서관의 4학년용 서고에 꽂혀 있는 책을 모조리 읽어 치우는 놀라운 아이들을 수없이 목격했다.

이 시기가 되면 부모는 아이에게 큰 소리로 책을 읽어 보라고 요구하고 싶은 유혹이 커진다. 하지만 소리 내어 읽기는 초등학생들이 '읽을 수 있음'을 증명하려는 성격의 훈련이다.

훌륭한 솜씨로 읽을 줄 아는 아이들도 소리 내어 책을 읽게 되면 속도가 느려진다. 읽는 속도가 느려지면 그만큼 읽고 있는 내용에 대한 이해도도 떨어지고, 이해도가 떨어지면 즐거움 역시 줄어든다. 보통의 어른들에게 신문의 첫 페이지를 소리 내어 읽으라고 해 보자. 그리고 기사의 내용이 무엇이었는지 물어보면 아마 자연스럽게 신문을 한 번 더 훑어봐야 할 것이다.

소리 내어 읽기는 어른들에게도 그다지 즐거운 일이 아니다. 아주 어린 나이에도 습득하기 어려운 이 능력을, 6~7세가 되어서야 읽기를 시작한 아이에게 요구한다면 한창 읽기를 배우느라 힘든 초등학생들을 너무 힘들게 하는 처사다.

그보다 나이가 많은 아이에게도 소리 내어 읽기를 시키면 읽기 속도가 현저하게 느려진다. 읽기의 속도가 줄어들면 이해력 역시 극적으로 떨어진다. 그러므로 읽기 속도를 방해하는 어떠한 요소든 아이의 이해를 방해한다는 사실을 기억하자. 읽기를 일찍부터 배운 아이에게는 속독 능력이 자연스럽게 생긴다.

결론은 단순하다. 읽기는 눈과 시각 경로로 하는 활동이지 말로 하는 활동이 아니다. 아이가 먼저 엄마에게 읽어 주겠다고 하면 괜찮다. 하지만 그런 경우가 아니라면 조용히 읽게 하자. 그래야 더 빨리, 더 잘 읽을 수 있다.

# '아이를 시험하는 질문'과
# '문제 해결의 기회를 주는 질문'의 차이

✳

지금까지 가르침에 대해서는 여러 차례 이야기했지만, 시험에 대해서는 한 번도 언급한 적이 없다.

이 주제에 대해 우리가 할 수 있는 가장 강력한 충고는 '절대로 아이를 시험하지 마라'다. 아이들은 배우는 것을 무척 좋아하지만 시험은 몹시 싫어한다. 어른들도 마찬가지다. 시험은 배움의 반대말이다. 기쁨은커녕 스트레스만 가득한 대상이다. 비유하자면 아이에게 무언가를 가르친다는 건 기쁨이 담긴 선물을 건네는 일이다. 하지만 시험을 본다는 건 선물에 대한 대가를 선불로 요구하는 일이다.

아이를 더 많이 시험할수록 아이의 배움은 더 느려지고 의욕도 줄어든다. 반대로 아이를 덜 시험할수록 아이의 배움은 더 빨

250

라지고 의욕도 늘어난다. 지식은 부모가 아이에게 줄 수 있는 가장 귀중한 선물이다. 그러니 맛있는 음식을 나눠 주듯 넉넉하게 주어라.

## 시험의 목적은 무엇인가?

시험이란 본질적으로 '아이가 모르는 것을 알아내고자 하는 시도'다. 즉, 카드를 집어 들고 아이에게 갑자기 이렇게 묻는 것이다. "여기 뭐라고 쓰여 있니?", "아빠한테 이 페이지를 큰 소리로 읽어 줄래?" 이런 방식은 아이에게 매우 무례하다. 만약 아이가 반복해서 증명해 보이지 못한다면 부모는 아이를 '읽을 수 없는 아이'로 보겠다는 뜻이기 때문이다. 시험의 목적은 부정적이다. 이는 아이가 모르는 것을 들추어 내려는 의도를 담고 있다.

윈스턴 처칠은 자신의 학창 시절을 회고하며 이렇게 썼다.

"시험은 내게 커다란 시련이었다. 시험을 주관하는 이들이 가장 소중하게 생각하는 과목은 대부분 내가 별로 좋아하지 않는 과목이었다. 나는 내가 아는 것을 말하고 싶었지만, 그들은 항상 내가 모를 것 같은 것들을 물어보았다. 나는 내가 알고 있는 것들을 기꺼이 드러내고 싶었지만, 그들은 내가 무엇을 모르는지 드러내고 싶어 했다. 그 결과는 항상 똑같았다. 나는 시험을 잘 보지 못했다."

이미 말했듯이 시험의 결과는 배움과 배우고자 하는 의지를 떨어뜨린다. 아이를 시험하지 마라. 그리고 다른 사람에게도 아이를 시험하도록 허락하지 마라.

## 아이에게 필요한 것은 문제 해결의 기회다

그럼 어떻게 해야 할까? 사실 엄마도 아이를 시험하고 싶지 않다. 그저 아이를 가르치고 아이가 배움과 성취의 기쁨을 경험하도록 기회를 주고 싶을 뿐이다. 그렇다면 엄마는 아이를 시험하는 대신 '문제 해결의 기회'를 줄 수 있다. 아이에게 문제 해결의 기회를 주는 이유는 아이가 자발적으로 자신이 알고 있는 것을 드러내게 하기 위함이다.

문제 해결은 시험과는 정반대다. 아주 간단한 문제 해결 활동의 예시는 아이가 좋아하는 카드 2장을 보여 주고(예를 들면 '사과'와 '바나나') "바나나가 어디 있을까?"라고 묻는 것이다. 이때 아이가 바나나 카드를 보거나 만지면 엄마는 자연스럽게 기뻐하며 크게 반응해 준다. 아이가 카드가 아닌 다른 쪽을 본다면 "이건 사과고, 이건 바나나야."라고 자연스럽고 편안한 태도로 말한다. 만약 아이가 엄마의 질문에 전혀 반응을 보이지 않더라도 바나나 카드를 조금 더 아이 쪽으로 내밀며 "이건 바나나야, 그렇지?"라고 웃으며 다시 확인하고 그 순간을 마무리하라. 여기까지가 문제 해결 활동의 예시다. 아이가 어떤 반응을 보이든지 아이도 엄마도 모두 이기는 게임이다. 엄마가 행복하고 편안하다면 아이 역시 즐거워할 것이기 때문이다.

아이가 2세 정도라면 같은 카드 2장을 가지고 다른 질문을 던질 수 있다.

"오늘 아침에 콘플레이크하고 뭘 같이 먹었지?"

3세 아이에게는 이런 식이 될 수도 있을 것이다.

"길쭉하고 노랗고 단맛이 나는 게 뭐지?"

4세 아이라면 이렇게 물어볼 수도 있다.

"브라질에서 자라는 과일의 이름은 뭘까?"

5세 아이라면 이런 질문이 될 수도 있다.

"어떤 과일에 칼륨이 더 많이 들어 있을까?"

똑같은 카드를 사용해도, 아이의 연령과 이해 수준에 따라 다섯 가지의 각각 다른 질문이 탄생할 수 있다. 적절한 질문은 거부할 수 없는 문제 해결의 기회를 만들어 준다. 이는 끊임없이 아이에게 "이게 뭐지?"라고 묻는 따분하고 집요한 세상과 전혀 다르다.

또 다른 예로 '단어 카드 빙고 게임'이 있다.

## 단어 카드 빙고 게임

• 준비할 물건

① 먼저 엄마가 퇴장 단어 중에서 음식이나 동물 이름, 반대말 등의 단어를 약 15~30개 고른다.

② 가족 구성원 수에 맞게 빙고판을 만든다. 이때 빙고판에는 각 네모 칸 안에 크고 붉은 글씨로 단어들을 채운다.

③ 초보자용 빙고판은 보통 총 9칸으로 이루어져 있으니, 9개의 단어를 채워 넣는다. 같은 단어가 중복되는 칸이 있어서는 안 된다.


• 게임 방법

① 엄마가 각자에게 9개의 칩을 주고 빙고판 위의 단어 중에서 호명된 단어 위에 칩 하나씩을 올려놓으라고 한다.

② 엄마는 15~30개의 단어 카드를 뒤섞어 놓고 차례로 읽어 나간다. 이때 모든 아이가 공평하게 게임을 진행할 수 있게끔 안배하고 혹시라도 단어를 놓치고 지나가는 아이가 있다면 도와준다.

③ 모든 칸에 칩을 먼저 올려놓는 사람이 '빙고!'를 외친다.

이 게임은 반대로도 할 수 있다. 예를 들면 칸 안을 동물 그림으로 채우고 엄마가 동물 이름이 적힌 단어 카드를 한 장씩 들어 보인다. 엄마가 보여 준 단어 카드를 보고 해당 동물 그림에 칩을 놓는 식이다. 아이의 읽기 훈련 루틴이 발달하는 속도에 맞춰 한 쌍 단어나 구문 혹은 문장으로 빙고 게임을 할 수도 있다.

## 무엇이든 과하면 안하느니만 못하다

아이가 즐거운 방식으로 자신의 지식을 활용해 놀아 볼 기회를 제공하는 게임들은 이 밖에도 많다. 이렇듯 문제 해결의 기회를 주는 수업은 아이에게 읽기 활동의 성취감을 드러낼 수 있게 해 주고 엄마는 아이의 성취를 함께 기뻐할 수 있게 해 준다. 엄마와 아이 모두 즐길 수 있다면 이런 활동은 얼마든지 해도 되지만, 절대 남용해서는 안 된다. 아무리 재미가 있어도 과하게 하지는 말자.

예를 들어, 2개의 단어 카드를 들고 아이가 선택하는 활동을 하고 싶다면 일주일에 한 번 이상은 하지 않는다. 이 수업은 아주 짧게 하자. 한 번에 하나의 문제 해결 기회만 제공해야 한다.

아이들은 단어를 고르는 걸 무척 좋아한다. 엄마가 지나치게 많이 하지만 않는다면 아이도 오랫동안 즐길 수 있다. 반면 같은 활동에 전혀 관심을 보이지 않는 아이도 있다. 이런 아이들은 전혀 반응을 보이지 않거나 혹은 일부러 반대 단어를 고르는 식으로 거부 의사를 표현할 수도 있다. 어떤 경우든 아이의 행동에 담긴 메시지는 분명하다. "엄마, 그만할래요!" 어떤 이유로든 엄마나 아이에게 문제 해결 활동이 즐겁지 않다면 하지 마라.

사실 이런 활동은 아이보다 엄마에게 더 많은 정보를 제공하는 피드백 도구다. 아이는 새 단어를 배우는 데 가장 큰 관심을 보일 것이며 이미 알고 있는 옛 단어를 반복하는 일에는 별 흥미를 느끼지 못할 것이다.

아이에게 읽기를 가르치기 시작했다면 다음과 같은 일들이 벌어질 것이다.

① 부모는 학습이 최적의 상태로 진행되고 있음을 깨닫게 되며 아이를 가르치는 방법에 대해 더 많이 배우려 할 것이다.
② 부모는 의문을 품거나 혹은 문제점을 느끼게 될 것이다.

의문점이 생기거나 해결할 수 없는 문제에 봉착했을 경우 다음 사항을 따른다.

① 5장과 6장을 꼼꼼하게 다시 읽어 보자. 읽기에 관한 기술적인 문제점은 사실상 이 두 장에서 모두 다루고 있다. 어느 부분부터 잘못되었는지 발견하고 쉽게 고칠 수 있을 것이다. 여기서 해결이 안 된다면 다음 항목으로 넘어간다.

② 책 전체를 다시 한번 꼼꼼하게 읽어 보자. 읽기에 관한 철학적인 질문은 모두 책 안에 담겨 있다. 책을 다시 읽을 때마다 아이를 가르치는 경험 역시 성장할 것이므로 내용을 좀 더 깊이 이해할 수 있을 것이며 필요한 답을 발견할 수 있을 것이다. 여기서 해결이 안 된다면 다음 항목으로 넘어간다.

③ 좋은 선생님이 되려면 충분히 자야 한다. 잠을 조금 더 자 두자. 엄마들, 특히 어린아이의 엄마는 적정량만큼 자지 못한다. 수면 시간을 점검해 보고, 최소한 한 시간은 더 자 두자.

# 아이에게 읽기를 가르칠 때
# 부모가 얻게 되는 것

✳

수세대에 걸쳐 조부모들은 자신의 자녀에게 자식과 함께하는 시간을 즐기라는 조언을 해 왔다. 자식은 언제나 부쩍 자라 금세 곁을 떠나 버린다는 것을 이미 경험으로 알고 있기 때문이다. 그러나 어느 세대나 직접 경험하기 전까지는 윗세대의 조언을 한 귀로 듣고 한 귀로 흘리곤 한다. 그러다가 정작 일이 벌어지면 이미 너무 늦어 버려 돌이킬 수 없는 지점에 와 있는 자신의 모습을 발견하게 된다.

뇌손상 아동을 자녀로 둔 부모라면 당연히 힘든 문제들을 안고 살아가겠지만, 보통의 부모들은 얻기 힘든 이점도 있다. 바로 아이와 엄청나게 가까운 관계를 맺으며 살아간다는 점이다. 병의 본질상 때로는 고통스럽겠지만 그렇다 하더라도 소중하고 귀

한 경험이다.

최근 건강한 아동을 자녀로 둔 부모들을 대상으로 아이에게 읽기를 가르치는 법을 강의하는 도중에 이런 말을 한 적이 있다.

"아이에게 읽기를 가르치는 또 다른 훌륭한 이유가 뭔지 아십니까? 아이와의 밀접한 관계가 형성되고, 뇌손상 아동의 부모가 자식을 대할 때 느끼는 대단히 커다란 기쁨을 경험할 수 있게 된다는 점입니다."

그러나 청중들은 모두 어리둥절한 표정을 지으며 내 말을 잘 이해하지 못한 눈치였다.

하긴, 뇌손상 아동의 부모에게 문젯거리 말고 좋은 점도 있다는 사실을 건강한 아동의 부모가 알지 못하는 게 그렇게 놀랄 만한 일은 아니다. 대다수 부모들이 아이의 미래를 위해, 또 부모 자신을 위해 몹시도 중요한 자녀와의 지속적이고도 친밀한 관계를 잃어버린 채 살고 있다는 사실이 안타까울 뿐이다.

우리 사회와 문화는 우리에게서 이 중요한 관계를 너무도 조용히 빼앗아 가 버렸다. 우리는 소중한 것을 잃어버렸다는 사실조차 모르고 있다. 아니, 애초에 그런 관계가 존재했었는지조차 모르고 있다.

그러나 분명히 존재했던 관계이며 다시 붙잡을 가치가 충분한 관계다. 이렇게 즐거운 관계를 다시 붙들 수 있는 가장 보람 있는 방법은 바로 아이에게 읽기를 가르치는 것이다.

이제 그 구체적인 방법에 대해 모두 알게 되었으므로 마지막으로 몇 가지 당부를 덧붙이고 책을 끝내기로 한다. 꼭 해야 할 일과 해서는 안 되는 일 몇 가지를 정리해 보겠다.

먼저 해서는 안 되는 일부터 시작해 보자.

## 아이를 지루하게 만들지 마라

아이를 지루하게 만드는 일은 가장 큰 실수다. 2세 아이는 모국어를 아주 잘 배우면서 동시에 포르투갈어와 프랑스어도 배울 수 있음을 명심하자. 그러므로 지나치게 사소하고 유치한 것들로 아이를 지루하게 만들지 마라. 아이를 지루하게 만드는 대표적인 방법 두 가지가 있다. 그러므로 다음 사항은 피하라.

### 1. 지나치게 느리게 하기

아이는 놀라운 속도로 배우기 때문에 이렇게 하면 아이를 따분하게 만들 수 있다. 많은 부모가 아이를 제대로 학습시키고 싶은 욕심에 이러한 실수를 저지른다.

## 2. 시험하기

가장 흔한 실수이자 확실히 아이를 지루하게 만드는 길이다. 아이들은 배우는 것은 좋아하지만 시험받는 것은 좋아하지 않는다. 그래서 아이가 성공적으로 시험을 치른 뒤에는 항상 유난히 크게 반응하게 된다.

지나치게 자주 시험을 치르게 만드는 요인은 두 가지가 있다. 첫째, 이웃에게, 사촌에게, 조부모에게, 아이의 능력을 과시하고 싶은 부모의 욕심이다. 둘째, 다음 단계로 넘어가기 전 아이가 지금까지 배운 단어를 완벽하게 읽을 수 있는지 확인하고 싶은 부모의 욕망이다.

아이는 지금 대학 시험을 준비하고 있는 게 아니다. 다만 읽기를 배우는 기회를 누리고 있을 뿐이다. 아이가 읽을 수 있는지를 굳이 세상에 대고 증명해 보일 필요는 없다(언젠가는 아이가 알아서 증명해 보일 것이다). 아이의 능력은 부모만 알고 있어도 된다. 부모는 내 아이가 무엇을 알고 있고 무엇을 모르고 있는지 직감할 수 있다. 스스로의 판단을 신뢰하라. 부모가 머리(이성)와 가슴(직관)이 완전한 조화를 이루는 판단을 내릴 때 가장 훌륭한 결과를 도출할 수 있다.

심각한 뇌손상 아동에 대해 이야기했던 어느 소아신경외과 의사의 말을 잊을 수가 없다. 이 소아신경외과 의사는 매우 정밀하고 냉철한 이성의 소유자로 언제나 과학적인 증거에 따라 결정을 내리는 사람이었다. 그런 그가 온몸이 마비되고 말을 할 수 없어서 '백치' 진단을 받은 15세의 심각한 뇌손상 아동을 보고 몹시 분개하고 있었다.

"이 아이를 보십시오. 이 아이가 백치 진단을 받은 것은 백치처럼 보이고 백치처럼 행동하고 실험실에서 실시한 검사 결과가 백치라고 판단했기 때문입니다. 하지만 다들 이 아이가 결코 백치가 아니라는 사실을 간파해 내야 합니다."

현장에 있던 레지던트, 인턴, 간호사, 치료사 들은 순간 정적에 휩싸였다. 그때 한 레지던트가 입을 열었다.

"하지만 선생님, 모든 징후가 이 아이를 백치라고 가리키는데, 선생님은 어떻게 아이가 백치가 아니라고 확신하시죠?"

의사가 버럭 소리를 질렀다.

"맙소사. 이 아이의 눈을 보시오. 두 눈에 반짝이는 총명함이 담겨 있는데, 그걸 알아보는 데 무슨 특별한 훈련이 필요하단 말이오?"

1년 후 우리는 그 아이가 걷고 말하고 읽는 모습을 볼 수 있었다.

부모는 시험을 치르지 않고도 아이의 현재를 알아보는 정확한 방법을 알고 있다. 같은 시험을 지나치게 반복하면 아이는 따분해할 것이고 일부러 엉뚱한 답을 말하기도 한다. 부모가 '머리카락' 카드를 보여 주며 무슨 단어인지 읽어 보라고 하면 아이는 '코끼리'라고 대답할 수도 있다. 아이는 지금 당신에게 경고를 보내고 있으니, 주의 깊게 들어야 한다.

## 아이를 압박하지 마라

아이에게 읽기를 집요하게 강요해선 안 된다. '반드시 읽게 만들겠다'라는 집착을 버려라. 실패를 두려워하지 마라(어떻게 실패한단 말인가? 이제 겨우 단어 3개를 배운 아이는 아무것도 모르는 때보다 훨씬 발전했다). 부모와 아이 둘 중 하나라도 기분이 내키지 않는다면 읽기 활동을 진행하지 말아야 한다. 아이에게 읽기를 가르치는 것은 즐겁고 긍정적인 경험이어야 한다. 배우는 과정에서 아이가 언제라도 하고 싶어 하지 않는다면 일주일 뒤로 모든 일정을 미룬다. 부모가 잃을 것은 아무것도 없으며 오직 얻을 것뿐이라는 사실을 잊지 말자.

## 긴장하지 마라

마음이 편안하지 않은데 순전히 부모의 긴장을 감추기 위해 게임을 하지는 말자. 아이는 상상을 초월할 정도로 예민하다. 부모가 긴장하면, 그래서 미약하나마 자신에게 불쾌감이 전달되면 다 알아챈다. 차라리 하루나 일주일 정도를 흘려보내는 편이 훨씬 낫다. 절대로 아이를 속이지 말자. 그러면 아무것도 성공하지 못할 것이다.


## 기쁨을 누려라

이 책이 출판되기 전 이미 수천 명의 부모와 과학자가 아이에게 읽기를 가르쳤고 매우 훌륭한 결과를 얻었다는 이야기를 했다. 우리는 이들에 관한 모든 자료를 찾아 읽었고 그중 상당수와 연락을 취했으며 직접 대화를 나누었다. 그 결과 각자 사용한 방법이 매우 다양했음을 알게 되었다. 단순한 종이와 연필부터 값비싼 과학 장비에 이르기까지 다양한 자료를 활용했다. 그러나 우리가 살펴본 각 방법론은 공통으로 다음의 세 가지 요소를 갖추고 있었다. 바로 이 요소들이 두드러진 차이를 만들어 냈다.

① 아주 어린 아이에게 읽기를 가르치기 위해 사용된 각 방법론은 모두 성공적이었다.

② 모두 커다란 글자를 사용했다.

③ 모두 가르치는 과정에서 기쁨을 느꼈고 기쁨을 표현하는 것을 절대적으로 중시했다.

처음 두 가지 요인은 전혀 놀랍지 않았지만 세 번째 요인은 놀라웠다. 이들은 서로 전혀 아는 사이가 아니었고 심지어 여러 세대가 차이나는 경우도 있었다. 그러나 이들은 모두 아이의 성공을 아낌없는 칭찬으로 보답해 주어야 한다는 결론에 이르고 있었다.

진정 놀라웠던 점은 각기 다른 시대를 살며 한 번도 만난 적 없던 사람들이 모두 이 경험을 한 단어로 '기쁨'이라고 요약했다는 사실이다. 아이에게 읽기를 성공적으로 가르치려면 무엇보다 부모가 기뻐해야 한다는 동일한 결론에 도달한 것이다.

여러 해에 걸쳐 우리 연구소는 엄마들의 폭넓은 찬사를 받았다. 지나친 일반화의 오류임을 알지만 편의를 위해 수천 명의 엄마들을 두 부류로 나눠 보았다. 첫 번째 부류는 비교적 소규모로, 매우 지적이고 학력이 높으며 차분하고 조용하고 총명한 엄마들이다. 이들을 우리는 '지적인 엄마들'이라고 불렀다.

두 번째 부류는 대다수가 속한 대규모 집단이다. 이들은 가끔은 영리하지만 첫 번째 부류에 비하면 덜 지적이며 대신 열정은 상당한 엄마들이다. 이들을 우리는 '열정적인 엄마들'이라고 불렀다.

엄마들이 어린아이에게 읽기를 가르칠 수 있다는 사실을 깨달았을 때, 그리고 이 일이 꽤나 멋진 기회임을 알았을 때 우리는 이렇게 말했다.

"엄마들이 소식을 듣고 올 때까지 기다립시다."

우리는 엄마들이 기뻐하며 열정적으로 동참해 줄 것을 기대했고 그 예측은 정확히 맞아떨어졌다. 단, 우리는 엄마들 중에서도 특히 '지적인 엄마들'이 '열정적인 엄마들'보다 더 성공적일 거라고 생각했다.

그러나 첫 번째 결과가 나왔을 때 우리의 예상과 결과는 정확히 반대였음이 드러났다. 뒤이어 나온 결과들도 모두 마찬가지였다. 처음 기대대로 모든 엄마가 성공을 거두기는 했지만 '열정적인 엄마들'이 '지적인 엄마들'을 앞질렀으며 엄마가 열정적일수록 성취도도 높았다. 모든 결과를 검토해 보았고 또 직접 과정을 지켜보았으며 엄마들의 말을 들어 보기도 했다. 그 결과 원인이 분명하게 드러났다.

조용하고 진지한 엄마들은 아이에게도 조용하고 진지한 방법으로 가르쳤다. 그러나 편안한 마음으로 임한 엄마들은 "우와! 정말 잘했어!"라고 외쳤다. 이들은 아이를 가르치는 동안 목소리가 높아졌고 동작이 과감해졌으며 흥분과 기쁨을 온몸으로 표현했다.

다시 말하지만 결론은 간단하다. 아이들은 기쁨을 이해하고, 칭찬을 알아듣고, 엄마의 "우와!"에 반응한다. 아이들은 축하받는 걸 좋아한다. 그러니 아이가 원하는 대로 하라. 아이들은 칭찬받을 가치가 있다.

부모라면 아이를 위해 반드시 해야 하는 일들도 많다. 아이가 맞이하는 모든 문제를, 어떨 때는 무척이나 심각하고 어떨 때는 하릴없이 사소한 문제까지 모두 보살펴야 한다. 그러나 아이도 부모도 기뻐할 자격이 있다. 그리고 아이에게 읽기를 가르치는 것, 그게 바로 기쁨이다.

그러나 내키지 않는다면 하지 않는 게 좋다. 이웃에게 지지 않으려고, 허세를 부리기 위해 읽기를 가르친다면 당신은 좋은 교사가 되기 어려울 것이다.

아이가 지닌 모든 문제를 감당하는 것이 부모의 의무라면, 행복할 권리 역시 다른 사람에게 양도하지 말고 부모가 직접 누려라. 아이 앞에 놓인 문을 열어 주고 책에 담긴 탁월하고도 경이로운 금빛 단어의 세계로 안내하는 일이야말로 부모가 누릴 수 있는 대단한 특권이다. 낯선 사람에게 줘 버리기엔 너무도 아까운 기회다. 기쁨 가득한 특권을 엄마와 아빠의 몫으로 남겨 두자.

## 창의력을 발휘하라

우리는 엄마에게 아이와 함께하는 학습의 목적을 알려 주고, 대략적인 실행법만 가르쳐 주면 그다음부터는 더 걱정하지 않아도 된다는 것을 오랜 경험을 통해 깨달았다. 부모는 비범할 정도로 창의적이고 그 한계만 알면 전해 들은 방법보다 훨씬 훌륭하게 실천에 옮길 수 있다.

아이들은 공통적인 특성을 공유하고 있지만(그중 가장 두드러지는 점이 바로 어린 나이에 읽기를 배울 수 있는 능력이다) 상당히 개별적이기도 하다. 아이는 가족, 환경, 삶의 산물이다. 아이들은 모두 다르기 때문에 엄마가 직접 아이에 맞게 고안해 낼 수 있는 놀이들이 상당히 많다. 그러므로 원칙을 따르되 자신의 아이에게 특별히 더 잘 맞아떨어질 수 있는 요소들을 적극적으로 덧붙여 보자. 우리가 제시해 온 원칙의 틀 안에서라면 이런저런 창의적인 조정을 두려워하지 말자.

## 아이의 모든 질문에 대답하라

아이는 수천 개의 질문을 던질 것이다. 가능한 진지하고 정확하게 대답하라. 아이에게 읽기를 가르치기 시작하면 이미 커다란 문을 연 셈이다. 아이에게 흥미를 불러일으킬 것들이 수없이 쏟아져도 놀라지 말아야 한다. 지금부터 듣게 될 가장 흔한 질문은 이것이다.

"이건 무슨 뜻이야?"

아이는 이렇게 모든 책을 읽어 나가게 될 것이다. 항상 아이가 물어보는 단어의 뜻을 알려 줘라. 아이의 어휘력이 빠른 속도로 성장할 것이다.

## 읽을 만한 좋은 자료를 제공하라

세상에는 훌륭한 읽을거리가 정말 많다. 무엇보다 가장 중요한 것은 읽기를 통해 부모와 아이가 밀접하고 친밀한 관계를 유지하며 많은 시간을 보낼 수 있다는 점이다. 아이와 함께할 모든 기회를 활용하라. 현대 생활은 종종 엄마와 자녀 사이를 떨어뜨려 놓는 경향이 있다. 그런 상황에서 읽기는 부모와 자녀가 깊이 연결될 수 있는 완벽한 기회다. 이와 같은 접촉을 통해 서로의 사랑과 존중, 칭찬이 커지면 여기에 투자한 적은 시간이 몇 곱절의 가치로 되돌아온다.

이 모든 것이 미래에 어떤 가치가 있을지를 생각해 보자. 역사를 통틀어 인간은 두 가지 꿈을 지니고 있었다. 더 단순한 첫 번째 꿈은 주변 세상을 더 나은 곳으로 만들려는 노력이었다. 이 꿈은 이미 환상적일 정도로 실현되었다.

20세기로 넘어왔을 때 인간은 시속 160킬로미터 이상의 속도로 이동할 수 없었다. 그러나 오늘날 인간은 시속 27,000킬로미터 이상으로 우주를 가로질러 날아갈 수 있게 되었다. 인류는 수명을 두 배로 연장시켜 줄 기적의 약을 개발해 왔다. 라디오와 텔레비전, 인터넷을 통해 공간을 가로질러 목소리와 영상을 전파하는 방법도 알아냈다. 오늘날 건축물은 높이와 아름다움과 따뜻함과 편안함 등 모든 면에서 기적과 다름없다. 인간은 가장 특별한 방법으로 주변 세상을 바꾸어 냈다.

그러나 인간 자체는 어떠한가? 더 나은 약을 개발하면서 수명이 길어졌다. 또 고도로 발달한 교통수단을 통해 훨씬 다양한 음식물을 접하면서 영양도 좋아지고 키도 더 커졌다. 그러나 인간 자체가 더 나아졌다고 볼 수 있을까? 다빈치보다 더 상상력이 풍부한 천재가 있을까? 셰익스피어보다 더 잘 쓰는 작가가 있을까? 프랭클린과 제퍼슨보다 더 탁월한 전망과 광범위한 지식을 갖춘 사람이 있을까?

기억할 수 없는 오래전부터 두 번째 꿈을 키워 왔던 사람들이 있다. 옛날부터 일부 인간은 감히 이런 질문을 던졌다.

"인간은 더 나아질 수 있는가?"

주변 세상이 숨 가쁘게 복잡해질수록 더 새롭고 더 낫고 더 현명한 호모사피엔스가 필요해졌지만, 지금 우리는 너무도 전문화되고 좁아진 세상 속에 있다. 모든 것을 알 만큼 시간이 없다. 그래서 우리는 지식을 다음 세대로 넘겨주기 위해 노력해야 한다.

학교에 가는 방식만으로는 이 문제를 영원히 해결할 수 없다. 이 세상은 누가 운영하고 가족의 생계는 누가 책임진단 말인가. 인간의 수명을 더 늘린다고 해도 이 특별한 문제가 해결되지는 않는다. 아인슈타인 같은 천재가 5년을 더 살았다고 해도 이 세상의 지식을 위해 더 많은 기여를 할 수 있었을까? 그렇지 않다. 더 오래 사는 것만으로는 창의성이 보장되지 않는다.

이 문제에 대한 대답이 이미 떠올랐을지도 모르겠다. 더 많은 아이에게, 인류가 축적해 온 지식의 보고를 4~5년 정도 더 일찍 소개한다면 어떨까? 아인슈타인의 창조적인 삶이 5년 더 일찍 시작되었다면? 아이들이 세상의 지식과 지혜를 지금보다 몇 년 더 일찍 흡수할 수 있다면 어떤 일이 벌어질까?

언어를 받아들이는 능력이 최고조에 달한 결정적인 시기를 안타깝게 낭비하는 일이 더 이상 벌어지지 않게 막는 것만으로도 인류는 엄청난 미래를 맞이할 수 있다.

이제 질문은 바뀌었다. '아이들은 읽을 수 있는가?'라는 질문은 더 이상 의문의 여지가 없다. 이제 진짜 질문은, '아이들은 무엇을 읽게 될 것인가?'다.

이제 새로운 질문을 던질 차례다. 아이들은 읽을 수 있게 되었고 그로 인해 지식을 늘릴 수 있게 되었다. 그러므로 과연 이 아이들이 누군가의 거친 꿈을 넘어 이 낡은 세상을 어떻게 변화시킬까? 부모 세대를 얼마나 이해해 줄 수 있을까? 세상의 많은 지식을 흡수하며 자란 아이들이 바라보기에 부모 세대는 좋은 사람들일지는 몰라도 그다지 똑똑하지는 않아 보일지 모른다.

'펜은 칼보다 강하다'라는 말이 있다. 지식이 더 큰 이해와 선을 불러오며 무지는 어쩔 수 없이 악을 불러온다는 뜻일 것이다. 이제 어린아이들이 읽기를 배우기 시작했고 그로 인해 지식을 확장하고 있다. 이 책이 오직 한 아이에게만 더 빨리 더 잘 읽을 수 있는 능력을 이끌어 낸다고 해도 고생한 보람이 있다고 본다.

또 한 명의 우수한 아이가 이 세상을 위해 어떤 의미 있는 일을 해 줄지 누가 알겠는가? 이미 시작된 조용한 혁명의 조용한 여파가 결국 어떠한 결과를 낳아 인간을 위한 선의 총체가 될 것인지 누가 알겠는가?

# 아이가 타고날 수 있는 가장 큰 재능은
# 현명한 부모 밑에서 자라는 것이다

《아이에게 읽기를 가르치는 방법》은 1963년에 쓰였고 1964년에 처음 출판되었다. 이 책은 원래 아내인 케이티가 엄마들을 교육할 때 쓸 지침서가 필요하다고 해서 처음 쓰기 시작한 것이었다.

처음 집필을 시작했던 날 밤의 일이 또렷이 기억난다. 원래는 4~5페이지 정도에 요점만 체계적으로 정리할 생각이었다. 그런데 금세 10페이지가 채워졌고 생각이 마구 떠오르기 시작했다. '그렇다면 간단한 복사물을 만들어 참가한 엄마들에게 교육 후 한 부씩 배포하면 어떨까?'라는 생각이 들었다. 참으로 좋은 생각인 것 같았다.

시간이 흐를수록 분량은 늘어났고 어느덧 25페이지가 넘어갔다. 읽어 보니 나름대로 명확하고 이해하기도 쉬웠다. 이 정도라면 영구적인 형태로 만들어 보관해 두어도 좋을 것 같았다. 어쩌면 복사물보다는 그럴싸한 인쇄물이 나을 것 같았다.

문장과 단락이 제자리를 잡아 가고 페이지가 점점 늘어 가면서 흥분이 고조되는 한편, 현실적인 문제에 대해 걱정이 들기 시작했다. '이 정도 분량의 인쇄물을 제작하려면 돈이 꽤 들 텐데, 비용을 어디서 충당해야 할까?' 연구소는 연방 정부로부터 세금을 감면받는 비영리기구였다. 최상위 전문가로 구성된 직원들도 당황스러울 정도의 박봉을 받고 일하고 있었다. 행여 비용을 마련한다고 해도 과연 위원회에서 이 정도의 지출을 승인해 줄지도 의문이었다.

그러나 글이 술술 풀려 나갈수록 비용에 대한 우려보다 눈앞에서 벌어지고 있는 일에 관한 흥분이 앞섰다. 놀라운 속도로 종이가 채워졌다.

자정이 훌쩍 지나가 이제 종이 한 페이지나 기사 한 꼭지로 처리하기에는 할 이야기가 너무 많다는 사실을 깨달았다. 이제 이 글 더미는 인쇄물을 넘어서 소책자, 그것도 두꺼운 소책자가 될 게 분명했다. 하지만 이 정도의 소책자를 인쇄하려면 족히 천 달러는 들 것이었다. 위원회에서 승인해 줄 리도 없었다. 나라도 이 정도의 소책자를 발행한다면 반대표를 던질 것이었다.

그러다 문득 '잠깐, 유아용 식품 회사나 아기 용품 회사 중에서 후원자를 찾을 수 있지 않을까?' 하는 생각이 들었다. 소책자 후원 기금을 마련할 수 있을지도 모른다는 가능성이 떠오르면서 흥분은 배가 되었다. '어떻게 하면 아이에게 읽기를 가르치려는 엄마들을 도와줄 수 있을까?' 생각하며 밤새 글을 썼다.

시간이 흐르고 페이지가 점점 늘어나자 이제 현실이 기쁨을 정복하기 시작했다. 이제는 소책자로 만들기에도 양이 너무 많아졌다. 분량은 이미 50페이지를 넘었고 앞으로도 100페이지, 심지어는 그보다 더 길어질 것 같았다. 후원 기금을 마련할 수 있겠다는 희망은 사라져 버렸다. 읽을 가치도 있고 중요한 내용이었기 때문에 좌절감이 대단했다. 한 페이지짜리 지침서도 아니고 한 꼭지의 기사도 아니고 소책자도 아니고, 이제 정말 책 한 권의 분량이 되어 버렸다.

잠깐, 책이라고? 세상에, 책이라면 인쇄비를 낼 필요가 없지 않은가! 오히려 출판사에서 내게 돈을 줄 것이었다.

이른 아침이었지만 케이티는 벌써 일어나 기다리고 있었다.

"잠깐만 기다려 줘. 나는 지금 책을 쓰고 있어. 책을 쓰고 있다고! 전문가들이 읽을 논문이 아니라 진짜 사람들, 진짜 엄마 아빠들이 읽을 책을 쓰고 있어. 어떻게 생각해? 5,000권은 팔 수 있겠지?"

"그거, 아이에게 읽기를 가르치는 방법을 부모들이 배울 수 있게 해 주는 책이야?"

케이티가 이렇게 물었다.

나는 대답했다. "맞아, 바로 그거야."

1963년 그날 아침 이후로《아이에게 읽기를 가르치는 방법》은 20개가 넘는 언어로 발행되었고 지금도 여전히 새로운 언어로 번역, 출판되고 있으며 거듭하여 개정판이 출간되고 있다. 그리고 전 세계에서 500만 명 이상의 부모가《아이에게 읽기를 가르치는 방법》을 구입했다.

처음 책이 나왔을 당시만 해도 어린아이에게 읽기를 가르쳤던 부모는 아주 소수였는데, 대부분 뇌손상을 입은 아이의 부모들이었다. 반면 지금은 뇌손상 아이들뿐만 아니라 수백만 명의 일반 아동들도 어린 나이에 읽기를 배우고 책을 읽고 있다. 이 수치를 어떻게 알게 되었을까?

내가 세상에서 가장 귀중하게 여기는 자료는 아이에게 읽기를 가르치는 일이 얼마나 즐거운지, 혹은 아이들이 읽기를 배우는 것을 얼마나 즐거워하는지를 알려 주기 위해, 혹은 아이에게 가르칠만한 책이나 자료가 더 있는지 물어보기 위해, 아이에 대해 물어보기 위해, 아이가 자라 학교에 갔을 때 어떤 결과를 보여 주었는지 알려 주기 위해 곳곳에서 부모들이 보내 온 수천 통의 편지다.

이 편지들은 아주 어린 아이들도 읽기를 원하고 있고, 읽기를 배울 수 있고, 읽기를 배우고 있고, 읽기를 배워야 한다는 것을 증명하는 가장 강력한 증거들이다. 매일 도착하는 이 편지들은 그 내용이 몹시 귀하고, 사랑스럽고, 분별력 있고, 설득력 있어서 내게는 더없이 소중한 보물이다.

가끔 인간이 보이는 비인간적인 모습이 광기로 느껴질 때, 우리가 과연 스스로 생존해 나갈 수 있을지 의문스러워지곤 한다. 그러면 나는 사무실로 들어가 문을 잠그고 엄마들이 보내 온 편지를 꺼내 읽어 본다. 그러면 금세 얼굴에 미소를 짓게 되고 인간과 미래를 향한 희망에 확신을 얻어 다시 즐거운 하루를 맞는다.

수백 통의 편지가 담고 있는 내용은 마치 한 통의 편지를 고스란히 인용한 것처럼 똑같다. 부모들의 편지는 학력, 글솜씨, 열정, 과학적 사실, 설득력, 감수성과 상관없이 모두 같은 내용을 담고 있다. 이 부모들은 블루칼라 노동자부터 법률가, 엔지니어, 의사, 교육자, 과학자 등 전문가 집단까지 다양했지만 자녀를 깊이 사랑하고 무엇보다 자녀를 우선으로 했다는 점에서 모두 똑같았다.

이 아이들은 지성과 감성을 균형 있게 갖춘 현명한 부모를 타고난 아이들이다. 이것이야말로 진정한 재능이 아닐까? 우리에게는 그들이 가장 큰 희망이다.

# 인간잠재력개발연구소 주소

이 책을 읽은 후에, 우리에게 연락하고 싶다면 아래의 주소를 참고해 주길 바란다.

## 중남미권 국가(스페인어)

For Central America (Spanish speaking)
Los Institutos Para El Logro del Potencial Humano,
Sierra Hermosa 326, Los Bosques Aguascalientes, AGS. 20130 Mexico

- **Tel** 011-52-449-996-0945
- **Fax** 011-52-449-996-0944
- **E-mail** atencion_familias@iahp.org
- **Phone & Whats App Mexico** +52-449-539-3849
- www.iahp.org

## 남미의 국가들과 포르투갈(포르투갈어)

For South America and Portugal (Portuguese speaking)

- **Fone/Whatsapp** (61)99238-7050, domanbrasil@gmail.com, SCLRN 706/707, Bloco D, Sobre Loja, Asa Norde, Brasilia-DF, CEP:70.740-640

## 아시아권 국가

For Asia: Glenn Doman Baby Program (Asia)
(Sole Representative of The Institutes for the Achievement of Human Potential, USA in Asia)

- **Website** www.gdbaby.com.sg
- **Online Store** http://www. glenndomanonline.com
- **Contact** +6590224283

## 그 외 모든 영어권 국가

And for all English-speaking countries and countries not listed below
The Institutes for the Achievement of Human Potential
8801 Stenton Avenue
Wyndmoor, PA 19038 USA

- **Tel** 215-233-2050
- **Fax** 215-233-9312
- **E-mail** Institutes@iahp.org
- www.iahp.org

**How to
Teach
Your Baby
to Read**

**옮긴이** 이주혜

서울대학교 영어교육학과를 졸업하고, 저자와 독자 사이에서 치우침 없는 공정한 번역을 하고
자 노력하고 있다. 《프랑스 아이처럼》, 《여자에게 어울리지 않는 직업》, 《우리 죽은 자들이 깨어날
때》, 《사람의 아이들》, 《0-7세, 감정육아의 재발견》 등 다수를 우리말로 옮겼다. 2016년 창비신인
문학상을 받으며 등단했고 《자두》, 《그 고양이의 이름은 길다》 등을 썼다

초판 출간 이후 전 세계 아이들을 변화시킨 불후의 고전

# 아이에게 읽기를 가르치는 방법

**초판 1쇄 발행** 2026년 3월 31일

**지은이** 글렌 도만, 재닛 도만
**옮긴이** 이주혜
**펴낸이** 민혜영
**펴낸곳** 카시오페아
**주소** 서울특별시 마포구 월드컵로14길 56, 3~5층
**전화** 02-303-5580 | **팩스** 02-2179-8768
**홈페이지** www.cassiopeiabook.com | **전자우편** editor@cassiopeiabook.com
**출판등록** 2012년 12월 27일 제2014-000277호

ⓒ글렌 도만, 재닛 도만, 2026
ISBN 979-11-6827-435-8  03590

• 잘못된 책은 구입하신 곳에서 바꿔 드립니다.
• 책값은 뒤표지에 있습니다.